“十三五”职业教育国家规划教材

省级“森林植物”精品在线开放课程配套教材

树木学

DENDROLOGY

黄　安　曾祥划　赵秀娟　主　编

陈岭伟　陈日东　赵秀娟　主　审

中国农业大学出版社

·北京·

内 容 简 介

本教材主要介绍了树木的分类方法、树木的作用、树木在城市绿化中的规划与配置以及树木野外调查的基本方法。重点介绍了华南地区野生及园林上常用的400余种树木的识别特征、生活习性、分布以及它们在林业生产和生态建设中的作用与地位。每个树种均附有野外实景拍摄的彩色图片，并尽量做到每个树种的彩图都包括树形、枝叶与花果。为继续学习森林培育学、生态学和森林经营等专业课程打下基础。

图书在版编目（CIP）数据

树木学 / 黄安，曾祥划，赵秀娟主编. —北京：中国农业大学出版社，2019.1（2024.1重印）
ISBN 978-7-5655-2169-0

Ⅰ. ①树… Ⅱ. ①黄… ②曾… ③赵… Ⅲ. ①园林树木－高等学校－教材 Ⅳ. ① S68

中国版本图书馆 CIP 数据核字（2019）第 032585 号

书　名　树木学
作　者　黄　安　曾祥划　赵秀娟　主编

策划编辑　司建新　　**责任编辑**　韩元凤
封面设计　郑　川
出版发行　中国农业大学出版社
社　址　北京市海淀区圆明园西路2号　　**邮政编码**　100193
电　话　发行部 010-62818525，8625　　读者服务部 010-62732336
　　　　编辑部 010-62732617，2618　　出　版　部 010-62733440
网　址　http：//www.cau.press.cn　　**E-mail** cbsszs@cau.edu.cn
经　销　新华书店
印　刷　北京锦鸿盛世印刷科技有限公司
版　次　2019年2月第1版　　2024年1月第3次印刷
规　格　787×1 092　　16开本　　19.25印张　　480千字
定　价　86.00元

省级“森林植物”精品在线开放课程

配套教材编审委员会名单

主　　任　陈岭伟

副 主 任　陈日东　赵秀娟

主　　编　黄　安　曾祥划　赵秀娟

参　　编　廖庆文　黄彩萍　黄东兵

林翠新　徐谙为　胡　瑾

王　琳

编 审 人 员

主　　编　黄　安　曾祥划　赵秀娟

副 主 编　陈岭伟　陈日东　黄东兵

编写人员（按姓氏笔画排列）

王　琳　林翠新　陈岭伟　陈日东

胡　瑾　徐谙为　黄　安　黄彩萍

黄东兵　曾祥划　赵秀娟　廖庆文

主　　审　陈岭伟　陈日东　赵秀娟

前　言

十九大以来，我国林业产业规模不断扩大，各个省区都在形成资源优化配置、布局合理的现代林业产业体系，特别是广东省近年来一直坚持走生态建设与产业发展“双丰收”、生态立省与绿色发展相辅相成的道路，2016 年 11 月全国首个国家森林城市群建设规划——《珠三角国家森林城市群建设规划》通过专家评审，规划中提出“2018 年，珠三角 9 市全部成功创建国家森林城市，到 2020 年基本建成国家级森林城市群”的建设目标。为了适应新形势下现代林业发展的需要，我国南方许多高校及职业院校都开设了树木学、园林树木学课程，南方各省区所用的教材多采用华南农业大学庄雪影主编的《园林树木学（华南本）》一书，但该书收编的是园林树木，面向园林类专业，且连续多次版本均采用黑白的树木图片，没有现场拍摄的彩图供学生识别学习。

树木学（Dendrology）是高职院校高级林业类人才培养中重要的、具有林学特色的专业基础课，在专业人才课程培养体系中起到承前（植物学为基础）启后（为专业课奠定树种基础）的作用。为使教学内容更贴近岗位实际，增强学生就业后的基本能力培养，本教材摒弃传统树木学教材采用黑白图片并大量描述森林中野生树种的做法，按高职学生认知规律，对华南地区常用的林业和园林生产上常用的树木进行现场拍摄，尽量拍摄到各个树种的树形、枝叶、花果的彩色图片供学生学习，并按识别要点、习性、分布、用途等方面进行组织编排，做到简明扼要，知识点清晰。

本书的裸子植物按郑万均系统，被子植物按哈钦松系统进行排列。每种植物信息包括科名、属名、识别要点、习性、分布和用途，配有现场拍摄的彩色图片。本书可作为广东珠三角森林城市建设中树种识别的参考资料，也可作为林学及相关专业森林植物学和园林树木学课程的教材。

由于编者水平所限，编写时间仓促，书中缺点和错误在所难免，敬请读者提出宝贵意见，以供今后改进修订。在此向所有参考文献的作者和无偿提供树木照片的师生致谢。

编　者

2018 年 9 月

目 录

课程导学

树木学（Dendrology）是高职院校高级林业类人才培养中重要的、具有林学特色的专业基础课，是研究树木的形态特征、系统分类、生物学特性、生态学特性、地理分布、资源利用及其在林业生态工程、经济开发中地位与作用的一门学科。它是一门既重视树木的基础理论又实践性很强的综合性学科，研究内容涉及树木的各个方面。

【知识目标】

1. 掌握一些基本概念，具体包括森林、园林、森林树木、园林树木、观赏树木。
2. 了解树木的生物学特性和生态学特性。
3. 掌握我国树木资源的特点及树木学的课程内容和学习方法。

一、树木学的研究对象和学习任务

森林是以木本植物为主体的生物群落，其中的植物、动物、微生物和土壤之间相互依存、相互制约，并与环境相互影响，从而形成的一个生态系统的总体。通常将组成森林中的木本植物统称为树木，有乔木、灌木和木质藤本之分，主要是种子植物。其中的乔木称为树，它有明显直立的主干，植株一般高大，分枝距离地面较高，可以形成树冠。适于城市园林绿地及风景区栽植应用的木本植物称为园林树木，具有一定观赏价值的树木则称为观赏树木。

（一）树木学的研究对象

树木学是研究组成森林或在园林应用中的木本植物的形态特征、分类、习性及其主要应用的一门学科。其研究对象是乔木、灌木及木质藤本。而园林树木学与观赏树木学均是树木学的一个分支学科，是专门研究园林树木或观赏树木的形态、分类、分布、习性、栽培特点、观赏特性、配置方法等基本知识和基本技能的学科。

（1）乔木　高 3 m 以上，具有明显直立的主干和广阔树冠的木本植物，如杨树、槐树、杉木。按其大小又可分为大乔木（高 20 m 以上）、中乔木（高 10～20 m）、小乔木（高 3～10 m）。通常将乔木比喻为森林或园林的“骨架”或“主体”。

（2）灌木　无明显主干，植株高度较矮，一般在 3 m 以下，分枝较多的一类植物。如红背桂，米仔兰等。这些低矮的木本植物是森林或园林不可缺少的部分，它们是森林或园林的“肌肉”或“副体”。

（3）木质藤木　能缠绕或攀附他物而向上生长的木本植物，如白花油麻藤。是森林或园林的“筋络”或“支体”。

（二）树木学的研究内容及学习方法

树木学的研究内容主要包括两大部分，前一部分主要研究树木的分类、树木的作用、树种规划配置及调查等基础理论知识，后一部分主要是识别华南地区常见的树种，同时掌握它们的形态特征、自然分布、生态习性及其应用。学习的主要任务包括：正确识别常用的森林树木及园林中常用的观赏树木，掌握主要树种的科、属及学名，熟练掌握主要代表种的形态特征、分布区域、生态习性、观赏价值及配置方法等基本知识和技能；了解树木分类的基本方法，学会树木分类检索表的编制和使用。

树木学是一门实践性很强的课程，在学习过程中必须理论联系实际，重视实习课，记好笔记，真正做到理论联系实际，注意观察和比较，多看、多闻、多问，同时还要善于对比和归纳，在同中求异，在异中求同，做到眼到、手到、脚到，不断积累经验，掌握其要点。同时在学习过程中要自觉养成保护树木的习惯。

二、树木的多样性

在地球上树木王国中，有数以万计的各类树木，有高达 120 m 的巨杉，俗称“世界爷”，其树干直径达 10 m，树皮厚达 60 cm，一棵树的总重量达 6 000 t。据称，曾有一条公路从巨杉树干中央穿过，汽车穿梭往来，甚为壮观。还有高于埃及金字塔的澳大利亚桉树（146 m）；而平卧杜鹃的株高仅为 5～10 cm；产于热带非洲的猴面包树的树干直径可达 12 m；木棉树在适宜的地方每年生长可达 2 m 以上；竹笋在一夜之间就能长出 2～3 m 的竹秆，“雨后春笋”即是生动的写照。世界上树木年龄最长者，当数原产于中国的银杏树。山东省莒县定林寺中的银杏树，据称已生长达 3 700 年；贵州省福泉市有棵古银杏树，经专家考证，树龄达 4 440 年，树龄之长，堪称世界之最。树龄达千年以上的树木还有圆柏树、侧柏树、红豆杉树、香樟树、桑树、龙血树、红杉树、黎巴嫩雪松树等。

在亚热带地区有些树木有巨大的板根；榕树的气生根如珠帘倒挂，栩栩如生，可以形成极为壮观的独木成林的景象；不少树种如松、榆、梅、银杏等可形成露根。树木树皮和枝干也有各种形态和色彩，如柠檬桉树皮光滑白色，松树的树皮片状开裂，杏、山茶等枝干红色，紫竹的树皮紫色，梧桐的树皮青翠碧绿。树木的叶更是千奇百怪、无所不有。就其叶片的大小来说，一片叶片长 1 m 至数米的有苏铁、棕榈、蒲葵、椰子、油棕等，而巴西棕的叶片最长可达 2 m，也有一片叶片仅有几毫米，如侧柏、柽柳、木麻黄等鳞形叶类的树种。树木的叶形则变化万千、各有不同，如针叶、条形叶、椭圆形、掌状叶、羽状叶、马褂木的马褂形、羊蹄甲的羊蹄形、变叶木的戟形及为人熟知的银杏的扇形。叶的色彩变化丰富，多数植物为绿色类，但不少植物的叶常年为黄色，如黄金叶、黄叶榕等，还有的植物叶两面色彩不同，如红背桂，有些植物的绿叶上有其他颜色的斑点或花纹，如变叶木等。

树木开花一年四季都有，其花色、花香、花形真是姹紫嫣红、五彩缤纷，如红色的桃、月季、木棉，黄色的腊梅、桂花，蓝色的紫藤；清香的茉莉，甜香的桂花，淡香的玉兰和幽香的米仔兰等；金丝桃的雄蕊金黄色丝状，吊灯花的红花如古典的宫灯垂于枝叶间，艳红的石榴花如火如荼。树木的果实形状奇异有趣，如铜钱树的果实形如铜钱，象耳豆的果如象耳，铁西瓜的果实如在树上的大西瓜，紫珠的果实则如紫色的小珍珠；有些植物的果实巨大，如柚子、吊瓜树、木菠萝等；还有些植物果实或果穗数量丰盛，如冬青、南天竹等；果实的色彩也有较多的变化，如红色的石榴、荔枝、冬青，黄色的柚、梨、柑橘，紫色的葡萄、桂花等及黑色的樟树等；有的树木的果实是人类的食品、佳肴，也有的树木的果实含有可以使人毙命的毒药。

三、我国森林植物的资源特点

我国有“世界园林之母”的美称。目前，世界的每个角落几乎都有原产于我国的树木，被欧洲人誉为“活化石”的水杉、银杏、水松、银杉、穗花杉都是我国特有种，我国的树木资源有以下几个特点：

（1）种类繁多，区系完整。例如我国共有树木 8 000 多种，其中乔木 3 000 多种。从南到北，我国横跨热带、亚热带、暖温带、温带、寒温带及寒带，植被区系十分完整。

（2）分布集中。我国森林树木主要分布于西南和华南，以广东、广西、海南、江西、福建、四川、云南、贵州、台湾等省、区为多。以我国为分布中心的种类甚多，如杜鹃花科全世界共有 800 余种，我国就有 600 余种，山茶花全世界常见栽培的只有几种，而我国已报道的就有 100 余种。还有木兰科世界总共是 90 种，我国有 73 种；丁香属全世界约有 30 种，我国就有 25 种；槭树科全世界有 205 种，我国就有 150 余种；毛竹属全世界约有 50 种，我国就有 40 多种；蜡梅全世界共 9 种，其中 6 种原产于我国。

（3）种质丰富，变异广泛。我国人民在长期的栽培实践中，培育出了大量观赏价值较高的香梅、龙游梅、红花檵木、红花含笑的品种和类型。如梅花的品种多达 300 种以上；牡丹园艺品种总数在 500 种以上；桃花品种在千种以上。此外，我国还培育出了若干独具特色的品种和类型，如黄色重瓣杏花等，它们都是极珍贵的种质资源。

（4）特色明显。我国特有的科、属、种均较多，且多具观赏价值又已被栽培利用。我国特有的科有银杏科、水青树科、杜仲科、珙桐科等。特有的木本属有金钱松属、银杉属、水松属、水杉属、白豆杉属、青钱柳属、青檀属、拟单性木兰属、蜡梅属、串果藤属、石笔木属、牛筋条属、枳属、金钱槭属、梧桐属、喜树属、通脱木属、秤锤树属、香果树属、双盾木属、猬实属等，不少已有栽培。至于我国的特有种则不胜枚举。我国特产的科、属、种树木，一些在我国园林中尚少见栽培，应设法引种与推广应用。

四、树木的生物学特性与生态学特性

（一）树木的生物学特性

树木一生所经历的全过程为树木的生活周期，也是树木的个体发育过程，具体包括种子萌发—幼苗—幼树—开花结果—种子成熟—衰老死亡的整个生命活动全过程。树木在生长发育过程中，不同树种的性状表现、生长速度、寿命长短、开花结实及繁殖性能是不同的，这些特性称之为树木的生物学特性，它取决于树种的遗传因素，并受周围环境条件的影响。例如银杏生长非常缓慢，20 年才可结实，故名“公孙树”。但在精心的水肥管理下 5 年可提前结实，因此我们不能孤立研究生物学特性，它与生态学特性紧密结合在一起。

（二）树木的生态学特性

树木的生长发育受到各种环境因子包括气候因子（光、水分、温度、空气）、土壤因子、地形因子、生物因子等的影响，树木的生态学特性是指树木长期生长在某种环境条件下对某种条件的要求和适应能力。如对光要求较强的树木称为阳性树种或喜光树种，有些树种需要在庇荫的条件下生长称为耐阴树种或阴性树种。树种的喜光性和耐阴性常因生长地区和环境与年龄不同而有所差异，生长在干旱地区的树木常需要较多的阳光。

【知识拓展】

树木——生命的象征

神奇的腐尸花

神奇的捕人藤

最毒的树——见血封喉

项目 1 树木的分类

【项目描述】

地球上的植物多种多样，我们要做到正确鉴定植物的名称，了解其生态习性，掌握常见植物的形态、花果叶等部分的特性，在应用时才能合理地选择和配置。分类的目的是更好地识别植物和利用植物，分类的任务是将自然界的植物分门别类、鉴别到种。本项目主要介绍我国常见的树木分类系统，包括自然分类系统和人为分类系统。

【知识目标】

1. 掌握树木的分类方法。
2. 掌握树木的主要自然分类系统。
3. 掌握树木的主要人为分类系统。

【技能目标】

能够用多种人为分类系统对校园树木进行分类。具备认真的学习态度，有正确的学习方法和良好的身体素质。

树木的分类是认识树木、合理开发树木资源的重要基础。由于人们在进行分类时所应用的依据和目的不同，对树木分类的方式也有不同。总体来说，树木的分类方法有两大类：系统分类法和人为分类法。

任务 1 树木的自然分类系统

【任务描述】

自然分类法是以植物进化过程中亲缘关系的远近进行分类的方法（将相同点较多的植物归为同一科、属；将相同点较少的植物归为不同的科、属）。特点：能反映植物类群间的进化规律和亲缘关系。在生产上，可利用植物亲缘关系的远近进行引种和育种。用自然分类法分类形成的系统称为自然分类系统。

【任务要求】

掌握常用的自然分类系统的特点及理论。

任务 1.1 恩格勒（Adolf Engel，1844—1930）分类系统

恩格勒是德国植物学家，恩格勒分类系统是植物分类史上第一个比较完整的自然分类系统。该系统将被子植物分为单子叶植物纲和双子叶植物纲，共计 62 目 343 科。

（1）系统的理论基础——二元论　认为现代被子植物起源于两个不同的祖先，木本葇荑花序类和多心皮类各有自己的祖先，彼此平行发展，各不相关。

（2）系统的特点　目与科的范围较大，认为单子叶植物较双子叶植物原始，放在前面，单性葇荑花序类是较原始的特征，所以将木麻黄科、胡椒科、杨柳科、桦木科、山毛榉科、荨麻科等放在木兰科和毛茛科之前，放在系统的前面。

（3）系统的改进与应用　在 1964 年第 12 版，该系统根据多数植物学家的研究，将错误的部分加以更正，把原先放在系统分类前面的单子叶植物移到双子叶植物后面，即认为单子叶植物是较高级植物，目前亦有些调整。由于恩格勒系统极为丰富，其系统较为稳定实用，所以世界各国及我国北方多采用，例如《中国树木志》和《中国高等植物图鉴》等书均采用该系统。

任务 1.2 哈钦松（John Hutchunson，1884—1972）分类系统

英国学者哈钦松于 1926 年发表了《有花植物科志》，该系统将被子植物分为双子叶植物和单子叶植物，又将双子叶植物分为木本支和草本支，全部被子植物包括 111 目 411 科。

（1）系统的理论基础——单元论　认为现代被子植物起源于一个共同的祖先——前被子植物。由于现代被子植物都有双受精现象及胚囊发育的一致性，因此该系统为多数现代分类学家所赞同。

（2）系统的特点　认为单子叶植物比较进化，故排在双子叶植物之后。在双子叶植物中，将木本和草本植物分开，并认为乔木为原始性状，草本为进化性状。认为花的各部分呈离生状态，花部呈现螺旋排列，具有少数合生雄蕊，单性花等性状属于较进化性状。具有萼片和花瓣的植物通常较无花萼和花瓣的种类原始，例如木麻黄科、胡椒科、杨柳科、桦木科、山毛榉科、荨麻科等无花被特征是属于废退的特化现象。单叶和呈互生叶排列现象为原始性状，复叶和叶呈对生或轮生排列现象属于较进化现象。目与科的范围较小。

（3）系统的应用　目前很多人认为哈钦松系统较为合理，但系统未包括裸子植物，此外，大多数学者认为该系统将木本和草本作为分类主干的观点是错误的。该系统在我国有较大的影响和应用，特别是在我国南方如中国科学院华南植物所、昆明植物研究所、广西植物研究所等植物标本馆都是按该系统排列的，《广东植物志》《广西植物志》《广州植物志》《海南植物志》均采用了此系统。

任务 1.3 胡先骕分类系统

胡先骕是我国植物分类学家，他与哈里叶提出了被子植物分类系统，其理论基础是多

元论，认为现代被子植物来源于多个不同的祖先，彼此平行发展，互不相干。目前该系统在世界上影响不大，应用得极少。

任务 2　树木的人为分类系统

【任务描述】

以植物的某一个或几个特征、特性或用途进行分类的方法。其特点是不能反映植物类群间的进化规律和亲缘关系，仅以人们的利用方便进行分类，用人为分类法分类形成的系统称为人为分类系统。园林植物的分类，可以从不同角度用各种人为的方法进行，供在不同需要时选择使用。人为分类法以植物系统分类法中的种为基础，根据植物生长习性、观赏特性、用途等方面的差异及其综合特性将各种植物主观地划归不同的大类。人为分类法具有简单明了、操作和实用性强等优点，在林业和园林生产上普遍应用。由于分类的出发点不同，人为分类法也各不相同，如按生长习性可将森林树木分为乔木类、灌木类等，按观赏特性可分为观花类、观叶类等，但因为树种的栽培目的不同，所以同一树种在人为分类系统中可能属于不同的类别。

【任务要求】

掌握常见的人为树木分类系统，能用人为分类系统对校园附近树木分类。

任务 2.1　按生长习性分类

（1）乔木类　树体高大至少可达 3 m，具有明显主干，根据叶片大小与形态，乔木可分为针叶乔木（叶片细小呈针状）与阔叶乔木（叶片宽阔，大小叶形各异，包括单叶和复叶，种类远比针叶类丰富）两大类。其中高度在 3～10 m 的有时称为亚乔木。

（2）灌木类　树体矮小，通常无明显主干，多数呈丛生或分枝较低，高度在 3 m 以下。常用作观花、观果、观叶，或基础种植，或盆栽作盆景使用。

（3）藤蔓类　地上部分不能直立生长，常借助茎蔓、吸盘、吸附根、卷须、钩刺等攀附在其他支持物上生长，藤蔓类主要用于园林中作垂直绿化，按攀附的性质，藤蔓类可分为缠绕攀缘类、钩刺攀缘类、卷须攀缘类、吸附攀缘类。

任务 2.2　按观赏性状分类

（1）观叶树　指叶色、叶形、叶的大小或者着生方式有独特表现的森林植物。如红叶乌桕、红背桂、花叶榕、黄叶榕、红叶李。

（2）观形树　指植物形态和姿态方面有较高的观赏价值。如苏铁、南洋杉、雪松、柠檬桉、椰子、大王椰子等。

（3）观花树　指在花色、花形、花香上有突出表现的森林植物。如玉兰、紫玉兰、木莲、珙桐、杜鹃、夹竹桃、黄蝉等。

（4）观果植物 指果实丰富、大小显著、挂果时间长的一类森林植物。如吊瓜树、南天竹、人心果、猫尾木、倒吊笔等。

（5）观枝干、观芽类植物 枝干、芽或其他附属物有特殊的观赏价值。如木棉、橡胶榕等。

任务 2.3 按园林用途分类

（1）风景林木类 多以丛植、林植、群植等方式配植于建筑物、广场、草地周围，也可用于湖滨，山野营建风景林，森林公园、疗养院、度假村、乡村花园等也多种植此类乔木树种。

（2）防护林类 能从空气中吸收有毒气体、烟尘、粉尘，降低噪声，防风固沙，保持水土的森林植物。具体有以下几类：防污染类、防尘类、防噪声类、防火类、防风类、保持水土类。

（3）行道树类 栽植在道路系统，如公路、街道、园路、铁路等两侧，整齐排列，以遮阳、美化为目的的森林植物。要求其树冠整齐，冠幅大，树姿优美，树干下部及根部不萌生新枝，抗逆性强，根系发达，生长迅速。如樟树、荷花玉兰、榕树。其中银杏、鹅掌楸、椴树、悬铃木、七叶树被称世界五大行道树。

（4）孤植类 指以单株形式布置在花坛、广场、草地中央、道路交叉点、河流曲线转折处、水池岸边、假山，起主景、局部点缀或遮阳美化作用的一类森林植物。

这类森林植物表现的主题主要是树木的个体美，可以独立成景供观赏用，以姿态优美、开花结果茂盛、四季常绿、叶色秀丽、抗逆性强的阳性树种为宜。如苏铁、南洋杉、榕树、蒲葵等。

（5）绿篱类 绿篱是指利用树木的密集栽植以代替篱笆、栏杆、围墙等，起隔离、围护、分界、导向及组织空间作用的绿化形式。绿篱的类型见表 1-2-1。

表 1-2-1 绿篱类型

分类原则	类型	高度	园林特点	功能
观赏特性	花篱		观花为主（大红花）	观赏装饰
	果篱		观果为主（金橘）	观赏装饰
	树篱		树形优美（福建茶）	隔离和分割空间
	刺篱		有刺灌木组成（簕仔树）	防护，围护
	竹篱		竹类植物组成	隔离装饰
	蔓篱		藤本植物构成	垂直绿化
高度	高篱	大于 3 m	多不用修剪	起围墙作用
	中篱	1～3 m	作轻度修剪	起联系和分割作用
	矮篱	1 m 以下	强度修剪	分割和装饰

（6）垂直绿化类　园林绿化中在建筑物或附属建筑物上，利用攀缘植物有计划有组织地进行绿化叫垂直绿化。如鸡蛋果、使君子、紫藤、白花油麻藤等。

在森林中，常见有一些垂直攀缘有害藤本植物，如无根藤、五爪金龙、薇甘菊、买麻藤、蔓九节、寄生藤、山橙等。这些植物在一定程度上作为林间植物对森林生态环境有稳定作用，但过分疯长则成了有害植物杀手。

（7）地被植物　指高度在 50 cm 内，铺展能力强，处于森林植物群落底层的一类森林植物，地被植物的应用可以避免地表裸露，防止尘土飞扬和水土流失，调节小气候，丰富森林景观，地被类以耐阴、耐践踏和适应能力强的常绿种类为主，如铺地柏、蔓马缨丹等。

（8）造型类、树桩盆景、盆栽类　指经过人工整形制成各种图案的单株或绿篱，故也称为球形类植物，这类植物的要求与绿篱基本一致，但以常绿种类、生长较慢者为佳，如罗汉松、叶子花、六月雪、黄杨等。

树桩盆景是在盆中再现大自然风貌或表达特定意境的艺术作品，对植物的选用要求与盆栽类有相似之处，均以适应性强、根系分布浅、耐干旱、耐粗放管理、生长速度适中，同时能耐阴、寿命长、花果叶有较高的观赏价值的种类为宜。树桩盆景多要进行修剪与艺术造型，故材料选择较盆栽类更严格，要求树种能耐修剪、盘扎、萌芽力强、节间短缩，枝叶细小。比较常见的植物有银杏、金钱松、短叶罗汉松、榔榆、六月雪、紫藤、南天竹、紫薇、小叶榕、九里香等。

【知识拓展】

蕨类植物之王——桫椤

神奇的炸弹树——铁西瓜

项目 2　树木的作用

【项目描述】

树木是森林群落的主要组成部分，森林树木对于人类来说是非常重要的自然资源。众所周知，森林能为人类提供大量的木材、能源和多种多样的林副产品，对人类生产有很大的直接效益。更重要的是森林在保护环境、维护生态平衡方面的作用，其产生的间接效益远远大于树木提供林产品的直接效益。如树木能让碳氧平衡，且能蒸腾吸热、吸污滞尘、减菌减噪、涵养水源、土壤活化和养分循环，具有维持生物多样性、景观功能、防灾减灾等生态功能，能在缓解城市环境压力方面起着至关重要的作用。本项目主要介绍树木美化环境的功能，保护和改善环境的作用、生产作用以及在森林生态旅游中的景观与文化作用。

【知识目标】

1. 掌握树木美化环境的作用。
2. 掌握树木改善和保护环境的作用及生产作用。
3. 掌握树木在形成森林生态旅游景观及文化方面的作用。

【技能目标】

能够描述校园周围的树木对环境的美化作用，能介绍不同树木的文化内涵。能采集与制作腊叶标本。

地球上树木种类繁多，每个树种都有自己独特的形态、色彩、风韵、香味。这些特色又能随季节及年龄的变化而有所丰富和发展。尤其是在四季分明的亚热带地区，许多园林树木在不同的季节表现出不同的景象，春季梢头嫩绿，夏季绿叶成荫，秋季果实累累，冬季白雪挂枝。树木的风姿妙趣不仅呈现季节性变化，而且随着年龄的增长呈现不同的形貌，如松树在幼龄时全株团簇似球，壮龄时亭亭如华盖，老龄时则枝干盘虬而有飞舞之姿。

任务 1　树木美化环境的作用

【任务描述】

树木特别是森林城市中的园林树木对环境的美化作用，主要在于观赏价值。不论是乔木、灌木、藤木，抑或是观花、观叶、观果的树种，均具有色彩美、姿态美、风韵美。园林中的建筑、雕像、溪瀑、山石等，通过园林树木相互衬托、掩映，增加景色的生趣。如蓝顶红墙的宫殿式建筑，配以苍松翠柏，在色彩和形体上均可收到时“对比”“烘托”的效果。因此没有园林植物就不能称为真正的园林 ，而园林树木在园林绿地中所占比重较大，是园林中的主要素材。

【任务要求】

掌握树木对环境的美化作用，特别是园林树木的色彩美、姿态美和风韵美。

任务 1.1　树木的色彩美

树木的色彩美主要表现在树木的花、叶片、果实的色彩，此外不少树木的树皮、芽、枝干在色彩方面也有一定的美化效果。

一、花的色彩

花朵是色彩的来源，季节变化的标志。不同树木的花朵在色彩上表现千变万化、层出不穷，是最易吸引人视觉美感的特征。如金丝桃金黄色的雄蕊长长伸出花冠之外，锦葵科的吊灯花朵朵红花垂于枝叶间，而带有白色巨苞的珙桐花宛若群鸽栖于枝梢。这些复杂的变化可形成不同的观赏效果。例如艳红的石榴花如火如荼可创造热情兴奋的气氛，白色的丁香花具有悠闲淡雅的情调，而六月雪的繁密小花则展示出一幅恬静自然的图画。我国古典园林常通过配置不同的植物来表现丰富多样的变化，如春日玉兰、夏日荷花、秋日桂花、冬日蜡梅。

（1）红色系花　能形成热情兴奋的气氛。如桃、月季、山茶花、梅花、木棉花、紫薇、大叶紫薇、凤凰木、刺桐、扶桑等。

（2）黄色系花　象征高贵。如迎春、金桂、金丝桃、蜡梅、黄槐、腊肠树、黄槿、黄兰、金花茶。

（3）白色系花　象征纯洁，宜用于对比，衬托其他色彩。如茉莉、海芒果、女贞、白玉兰、白兰、栀子花。

（4）蓝色系花　象征幽静，给人以安宁和静穆之感。如紫藤、苦楝、杜鹃、泡桐、蓝花楹、假连翘等。

二、果实的色彩

果实的颜色在美化环境方面，也有较大的现实意义。“一年好景君须记，正是橙黄橘绿时。”苏轼这首诗所描绘的美妙景色，正是果实所表达的色彩效果。果实的色彩美化作用以红紫为贵，黄色次之。

（1）红或紫　冬青、石榴、杨梅、枸骨、荔枝、南天竹等。

（2）橙黄色　银杏、枇杷、柑橘、梨、柚、假连翘等。

（3）蓝黑色　女贞、樟树、桂花、秋枫、十大功劳等。

三、叶的色彩

树木的叶色变化丰富，具有很高的观赏价值。根据叶色的特点可分为以下几类：

（1）绿色叶树　绿色是基本色调，象征和平。大部分树种属之。有嫩绿、浅绿、浓绿、黄绿，将不同深浅的绿叶树木搭配在一起能形成美妙的图画，如在暗绿色的针叶树丛前，配置黄绿色树冠会形成“满树黄花”的效果。

（2）春色叶树　树木的叶色常因季节不同而发生变化，如黄葛榕早春呈现鲜嫩的黄绿色，夏季呈绿色，秋季则变为褐黄色。将春季新萌发的嫩叶色彩有显著变化的树种称为春色叶树，如荔枝、龙眼、线枝蒲桃、红果仔、芒果等。许多常绿树的新叶不限于春季萌生，对于某些新叶色彩美丽宛若开花效果的种类，人们统称为新叶有色类，如铁力木、润楠属树种、海南红豆、荔枝等。如把本类树种种植在浅灰色建筑物或常绿色树丛前，能产生类似开花的观赏效果。

（3）秋色叶树　秋季叶色有显著变化的树种称为秋色叶树，如枫香、山乌桕、银杏、落羽杉、水杉、金钱松、黄栌、槭类等。在园林中，由于秋叶期较长，早为各国人民所重视。例如，在我国北方每年深秋观赏黄栌红叶，而南方则以观赏枫香、乌桕的红叶著称，在欧美的秋色叶中，红槲、桦类等最为夺目，而在日本则以槭树最为普遍。

（4）异色叶树　又称为常色叶树，叶色常年保持奇异的树种，如红桑、洒金榕、黄叶榕、黄叶假连翘、花叶假连翘、肖黄栌、垂枝黄榕等。

（5）双色叶树　叶片两面颜色显著不同的树种，如红背桂、荔枝、海南石梓、樟树、胡颓子、白背安息香等。

（6）斑色叶树　指其绿叶上面有其他颜色斑点或花纹的树种。如变叶木、花叶榕等。

四、树木其他部位的色彩

（1）树皮　作调和之效，局部色彩美，如柠檬桉的白色、梧桐的绿色、银杏的灰褐色、紫竹的紫色、黄金间碧竹的黄色、粉单竹的白色等。

（2）其他部位　很多树木在一些特别的部位也有观赏效果，如黑叶橡胶榕的红色顶芽、木棉树皮的锥刺、尖叶杜英的板根、榕树的须状气生根、高山榕的支柱根等。

任务 1.2　树木的姿态美

不同的树木有不同的树形，树木的姿态美主要表现在树形、树干、树冠，此外，最重要的姿态美表现在叶、花、果实的形态。

一、树木的树形及其观赏特性

树形是由树冠和树干组成，树冠由一部分主干、主枝、侧枝组成。树形是园林构景的基本要素之一，对园林境界的创作有着巨大的作用。

（1）树干　直立干（独立干）、并生干（对立干、双株干）、丛生干、匍匐干等。

（2）树冠　塔形、柱形、圆锥形、卵形、球形、杯形、拱形、伞形、钟形及不规则形等。

不同的树形亦体现不同的风韵。总的来说，凡具有尖塔状及圆锥状树形者，多有严肃端庄的效果；具有柱状较窄树冠者，多有高耸静谧的效果；具有圆钝、卵形树冠者，多有雄伟、浑厚的效果；丛生者多有朴素、浑美之感；而拱形及垂枝类型者，常形成优雅、和平的气氛，且多有潇洒的姿态；匍匐生长的有清新开阔、生机盎然之感，可创造大面积的平面美；大型缭绕的藤本给人以苍劲有力的美感。

二、树木的叶形及其观赏特性

树木的叶有极其丰富多彩的形貌，主要表现在大小、形状及质地等几个方面。

（一）叶的大小

不同树木的叶的大小不同，如巴西棕，其叶片长可达 20 m 以上，有些树木叶片极小，如木麻黄、柽柳、侧柏等，其鳞叶仅长几个毫米。一般来说，原产于热带湿润气候的树木，其叶片均较大，如芭蕉、椰子、棕榈等，而产于寒冷干燥地区的树木，其叶片较小，如榆、槐、槭等。

（二）叶的形状

树木的叶形变化万千，各有不同。从观赏特性的角度常将植物的叶形归纳为以下几种基本形态：

（1）单叶　有针叶类，包括针形叶及钻形叶，如油松、雪松、柳杉；条形类，如罗汉松、油杉；披针形类，包括披针形和倒披针形，前者如柳、夹竹桃，后者如鹰爪花；椭圆形类，如金丝桃、天竺桂、柿、芭蕉；卵形类，如女贞、玉兰、紫楠；掌形类，如油桐、梧桐；奇异形类，包括各种引人注目的叶形，如马褂木的掌形或马褂形叶，羊蹄甲的羊蹄形叶，变叶木的戟形叶以及人为熟知的银杏的扇形叶等。

（2）复叶　有羽状复叶，如降香黄檀、格木、凤凰木、蓝花楹等；掌状复叶，如木棉、鹅掌柴等。

不同的叶形和大小，具有不同的观赏特性。例如棕榈、蒲葵、椰子、龟背竹等均具有热带情调，但是大型的掌状叶给人以素朴的感觉，大型的羽状叶给人以轻快、洒脱的感觉。产于温带的鸡爪槭的叶形可创造轻快的气氛，而产于温带的合欢与产于亚热带及热带的凤凰木则可产生轻盈秀丽的效果。

（三）叶的质地

叶的质地不同，产生的质感不同，观赏效果也不同。革质叶片具有较强的反光能力，有光影闪烁的效果。纸质、膜质叶片，常呈半透明状，给人以恬静之感。而粗糙多毛的叶片，则多富于野趣。有些树木的叶片还能产生香气，如松树、樟树及柠檬桉，均能使人感到精神舒畅。还有些叶因质地不同产生不同的音响效果。针状叶最易发声，自古以来就有以“松涛”“万壑松风”等赞颂园景之词。苏州拙政园的“听雨轩”“留听阁”均是欣赏风吹雨打植物声响效果而艺术命名的景点。

三、树木的花形及其观赏效果

树木的花朵在大小形状上变化万千，特别是现代杂交技术创造出许多珍贵的园林树木品种，更丰富了自然界的花形，有的甚至变化得令人无法辨认。例如牡丹、月季、茶花、梅花等，都有远异于原始花形的各种变化。花的观赏效果主要表现在“色、态、香”三个方面。花的色彩最为引人注目，除色彩之外，还有各式各样的形状和大小。有单花的、有排成花序的。如花朵硕大的牡丹，春天成型，气息豪放；梅花的花朵虽小，但“一树独先天下春”；玉兰树之花亭亭玉立；拱手花篮，朵朵红花好似古典的宫灯，垂于枝叶间；金链花的蝶形花组成下垂的总状花序；合欢的头状花序呈伞房状排列，花丝粉红色，细长如缨；络石的花排成右旋的风车形；龙吐珠，末开放时，花瓣抱若球形，红白相映，如蟠龙吐珠；七叶树圆锥花序呈圆柱状竖立于叶簇中，似一个华丽的大烛台，蔚为奇观。

四、树木果实的形状及其观赏效果

许多树木的果实既有很高的经济价值，又有突出的美化作用，在园林中为了以观赏为主要目的而选择观果树种时，除了色彩以外，还要注意选择果实的形状。果实的形状，一般以“奇、巨、丰”为佳。

（1）奇　指果实的形状奇异有趣。如铜钱树的果实形似铜钱；象耳豆的荚果弯曲，两端浑圆相接犹如象耳一般；腊肠树的果实好比香肠；秤锤树的果实如秤锤一样；梓树的蒴果细长如筷，经冬不落；猫尾木的果实形如猫尾；铁西瓜的果实形如悬挂于树干的大西瓜；紫珠的果实宛若晶莹剔透的紫色小珍珠。有些树木的果实其种子富有诗意，如蝶形花科的红豆树的种子红艳晶莹，王维有诗“红豆生南国，春来发几枝。愿君多采撷，此物最相思。”

（2）巨　指单体果实较大，如椰子、柚子、木菠萝，或果实虽小，但果穗较大的如油棕、鱼尾葵、接骨木等。

（3）丰　指全树而言，无论是单果还是果穗均有一定的丰盛数量。如石榴，铁冬青、芒果、龙眼、荔枝、南天竹等。

五、树木的树皮及其观赏效果

树皮的外形不同，给人以不同的观赏效果，还可随树龄的变化呈现不同的观赏特性。如老年的核桃、栎树呈不规则的沟状裂者，给人以雄劲有力之感；白皮松、悬铃木、木瓜、榔榆、青檀等具有片状剥落的树皮，斑驳可爱；紫薇树皮细腻光滑，给人以清洁亮丽的印象；白桦树皮大面积纸状剥落，用皮代纸写信自古至今为人们所喜爱；还有大腹便便的佛肚竹，别具风格。

六、树枝的观赏价值

树木的枝条粗细、长短、数量和分枝角度的大小，都直接影响树姿的优美。如油松侧枝轮生，水平伸展，使树呈层状，尤其老时更为苍劲。垂柳的小枝，轻盈婀娜，摇曳生姿，植于水边，低垂于碧波之上，最能衬托水面的优美。一些落叶树种，冬季枝条像画一样清晰，在蔚蓝色的天空或晶莹的雪地映衬下，其观赏价值更具特殊的意义。

七、树木附属物的观赏效果

树木的裸根，突出地面，形成一种独特的景观，如水杉、落羽杉的板状根，膝状呼吸根给人以力的美感。榕树类盘根错节，郁郁葱葱，树上布满气生根，倒挂下来，犹如珠帘下垂，当落至地面又可生长成粗大树干，奇特异常，给人以新奇的感受。很多树木的毛、刺也有一定的观赏价值。如黄榆、卫矛的木栓翅，柑橘的枝绿色而多刺，刺楸具粗大皮刺等，均富有野趣。楤木属被刺与茸毛，红毛悬钩子的小枝密生红色茸毛，并生皮刺，峨眉蔷薇的小枝密被红色钩刺毛，紫红色的皮刺基部常膨大，尤为可观。另外花器和附属物的变化，也形成了许多欣赏上的奇趣，如长柱金丝桃花朵上的金黄色雄蕊，长伸出花冠之外，叶子花的叶状苞片紫红色，似成型美丽花朵。珙桐（鸽子树）开花时，两片白色的大苞片宛若群鸽栖上枝梢，蔚为奇观，象征着勤劳智慧的中国人民热爱和平的性格。

任务 1.3　树木的风韵美

树木的形体美和色彩美以及芳香美和声音美均可为人们直接感知。除此以外，树木尚有一种比较抽象的，却富有思想感情的美，即联想美或风韵美，亦称“内容美”或“象征美”，也叫“人格美”“意境美”或“内容美”。树木联想美的形成与民族的文化传统、各地的风俗习惯、文化教育水平、社会的历史发展有关，不同的国家和地区对这种意境美的欣赏水平也不同。

由于历史、文化及生活习俗的不同，不同民族或地区常给一些树种所具有的生物特征赋以深刻的文化内涵。如我国人民常以四季常青的松柏类，象征坚贞不屈的革命精神和永葆青春的意志，《荀子》中有“松柏经隆冬而不凋，蒙霜雪而不变”，可谓其“贞”矣；花大艳丽的牡丹，象征“国色天香”、繁荣昌盛、富丽堂皇、“总领群芳，唯我独尊”、花色艳丽、姿态娇美的山茶，象征长命、友情、坚强、优雅和协调；花香袭人的桂花，象征庭桂流芳；春色满园的桃李，象征桃李满天下；松、竹、梅三者配置在一起，称为“岁寒三友”，象征文雅高尚；梅、兰、菊、竹比喻“四君子”；紫荆象征兄弟和睦；含笑代表深情；红豆表示相思、恋念；玉兰、海棠、牡丹、桂花配置在一起，象征满堂富贵，繁荣兴旺；以蜡梅不畏寒冷、傲雪怒放赞美坚韧不拔的性格；以杆形挺直、“未出土时先有节，于凌霄处仍虚心”的翠竹，隐喻虚心有节、刚正不阿的人格；以“出污泥而不染”的莲花，表达脱离庸俗而充满理想的高尚精神。欧洲许多国家以月桂代表光荣，油橄榄象征和平。我国的诗词、神话、歌赋及风俗习惯中，人们往往以某一种树为对象，而成为一种事物的象征，广为传颂，使树木“人格化”。

由于树木具有不同自然地理分布，因此在园林中应用不同的树种种类可形成不同的乡土景色和情调，表达不同的思想感情和艺术特点。如中国习惯以桑梓代表故里；日本人对樱花情有独钟，每当樱花盛开的季节，男女老幼载歌载舞，举国欢腾；加拿大则以糖槭树象征着祖国大地，将树叶图案绘在国旗上。

任务 2　树木保护和改善环境的作用

【任务描述】

在现代化城市中，工厂企业多，人口稠密，对环境的污染特别突出。大力增加城市绿地面积，可以构成一个强大的自然生态系统，保护自然生态平衡，保护和改善人们的劳动、工作、生活、休息的环境。这些作用是其他措施不能代替的。本任务主要介绍树木对保护和改善城乡环境发挥的积极作用，具体表现在净化空气、吸滞灰尘、减少细菌、减弱噪声、增湿降温、改善小气候条件、防风固沙等方面。

【任务要求】

掌握树木对环境的保护和改善作用。

任务 2.1 树木改善环境的作用

一、净化空气的功能

树木王国能够改善人类赖以生存的环境质量。树木王国和绿色植物不断进行光合作用，消耗二氧化碳、制造新鲜氧气；空气中 60% 以上的氧气来自陆地上的树木和绿色植物，因而人们把树木和绿色植物比喻为“氧气的制造厂”“新鲜空气的加工厂”。树木王国中还有很多树木能够分泌杀菌素以杀灭空气中的各种病菌，并且还能够吸收工业化生产排放的有毒气体、滞留污染大气的烟尘粉尘和消除对人类有害的噪声污染等。

夏季人们在树荫下和在阳光直射下感觉是有很大差异的，在树荫下会感到凉爽。这是由于树木茂密的树冠绿叶能遮拦阳光、吸收太阳的辐射热，因而降低了小环境内的气温。树木像一台巨大的抽水机，它不断地把土壤中的水分吸收进树体内，再通过叶片的蒸腾作用把根所吸收水分的绝大多数以水汽的形式扩散到大气间，因而改善、调节了空气的相对湿度。

二、吸收烟尘和粉尘

树木是粉尘过滤器。当含尘量大的气流通过树林时，随着风速的降低，空气中颗粒较大的粉尘会迅速下降。另外，有些树木的表皮长有茸毛或者能够分泌出油脂，它们能把粉尘粘在身上，从而使经过树林的气流含尘量大大降低。吸尘的树木经过雨水冲洗后，又能恢复其滞尘作用。树木的叶面积总数很大，据统计，森林叶面积的总和为森林占地面积的数十倍，因此，森林吸滞烟尘的能力是很强的。我国对一般工业区的初步测定，绿化地区上空的粉尘较非绿化地区少 10%～50%。因此，树木是空气的天然过滤器。

任务 2.2 树木保护环境的作用

树木能对人类赖以生存的环境起到重要的保护作用。大风可以增加土壤的蒸发，降低土壤的水分，造成土壤风蚀。严重时形成的沙暴可埋没城镇和农田。据联合国 1984 年统计，每年有 600 万 hm^2 的土地被沙埋没，世界上有 1/3 的土地有沙漠化的危险，并呼吁国际社会为制止全球一些地区的沙漠化而斗争。“要想风沙住，就要多栽树”，防风固沙的有效办法就是植树造林、设置防护林带，以减弱风速、阻滞风沙的侵蚀迁移。

一、减弱噪声的功能

茂密的树木能吸收隔挡噪声。据测定，40 m 宽的林带可以降低噪声 10～15 dB，公园中成片的树林可降低噪声 26～43 dB。在森林中声音传播距离小，是由于树木对声波有散射的作用，声波通过时，枝叶摆动，使声波减弱并逐渐消失，同时，树叶表面的气孔和粗糙的毛就像电影院里的多孔纤维板一样，能把噪声吸收掉。

二、监测环境的功能

有些植物可用于监测环境污染。因为有些植物对污染物质比较敏感，当其受到毒害时会以各种形式表现出来。植物的这种反应就是环境污染的“信号”，人们可以根据植物所发出的信号来分析鉴别环境污染的状况。这类对污染敏感且能发出信号的植物被称为“环境污染指示植物”或“监测植物”。

各种树木可用于监测环境污染，如雪松对有害气体十分敏感，特别是春季出新梢时，遇到一些有毒气体就会有叶片发黄、变枯现象。在春季出现雪松枝叶发黄或枯焦的地方，在其周围总可找到排放二氧化硫的污染源。因此雪松有“大气污染报警器”之称。另外，月季花、油松、马尾松、枫杨、悬铃木、女贞、樟树等对一些有毒气体也较敏感，有监测作用。这类植物有“绿色哨兵”的美誉。

三、树木的杀菌作用

树木是杀菌能手。许多树木在生长过程中会分泌出杀菌素，杀死由粉尘带来的各种病原菌。据调查，每立方米空气中的含菌量百货大楼为 400 万个，林荫道上为 58 万个，公园里为 100 个，而林区只有 55 个。林区与百货大楼空气中的含菌量相差 7 万多倍。

任务 3　树木的防灾和生产作用

【任务描述】

树木的主要功能是改善和保护生态环境，绿化和美化人们的工作和生活环境，实现城市森林化，恢复人与绿色环境的亲密结合。同时绿色植物还有防灾抗灾的作用和生产作用，如树种选择与处理得当，在不影响树木发挥多种园林功能的情况下，可做到一举两得，使美化结合生产。大多数的树木能够产生或提供木材、果品、木本粮油以及工业和医药原料等。本任务主要介绍树木的防火功能及隐蔽功能、生产功能。

【任务要求】

掌握树木的防灾功能和生产作用。

一、防洪功能

在树木稀少的山区易形成“天旱把雨盼，雨来冲一片，带走肥和土，剩下石头蛋”的凄惨景象。而树木参差的树冠和枝叶能拦截阻滞雨水、缓减阵雨的强度，可以有效地防止水土流失，以涵养水源。人们常说的“山清水秀”“青山绿水”就是这个道理。但是，如果人类违背了大自然的规律，那就要受到大自然的惩罚。6 000 年前，中国陕甘一带是一个风景优美、充满生机的地方，处处山清水秀、林木参天，遍地碧草如茵、鸟语花香。但是，到了唐朝的时候，这里的青山不见了、碧水干涸了，呈现在人们眼前的只有那一望无际的荒漠。使这里的青山碧水变成荒漠，究其原因就是我们人类对森林过量的砍伐、对草原无限的开垦、对植被长期的破坏、对自然资源不合理开发利用造成的。1983 年 7—8 月四川省发生历史上罕见的特大洪灾，淹没了 53 个县城的 1 250 多万亩农作物，粮食减产 15 亿千克，160 万间房屋倒塌，直接经济损失达 20 亿元以上。一个重要的原因就是“文革”期间长江上游森林资源遭受到了毁灭性的破坏，防洪能力大大减弱，因而造成了严重的水土流失。

二、防火功能

许多树木有防火功能。这类树种本身不易着火，如在城市房屋之间多种这类树种可以起到阻挡火势蔓延的作用。具有防火功能的树种通常应具树脂少、枝叶含水分多、不易燃烧、萌芽再生力强、根部分蘖力强等特点。比较好的防火树种有珊瑚树、厚皮香、山茶、荷木、银荷木、夹竹桃、米老排、女贞等。其中尤以珊瑚树、荷木、银荷木等树种防火效果最佳，它们的叶片即使全部烧焦也不会产生火焰，银杏防火能力也很突出。

三、隐蔽功能

城市绿化对重要的建筑物、军事设备、保密设施等可以起隐蔽作用。起隐蔽作用的树种应以常绿树种为主，一年四季均有效果。较好的隐蔽树有圆柏、侧柏、樟树、马尾松、秋枫、珊瑚树等。

四、经济功能

绿化植树还可以生产工业原料和其他多种林副产品。如樟树、乌桕、油茶的种子可以榨油；柠檬桉、樟树、月季可提供香精原料；银杏、柿、梨、枇杷、芒果和荔枝的果实可供食用和酿酒；桉树、松树、竹类等可提供造纸原料；青皮竹和粉单竹可以编筐；绝大部分树木的新叶、花、果实、种子、树皮可供药用。其他如桑叶可养蚕，漆树可割胶，杜仲可提制硬橡胶，松树可取树脂，这些树种都可为工业提供重要的原料。此外，绿化植树还可以生产木材，用于建造工厂、船舶、桥梁、枕木、车辆、房屋、家具、农具等，很多树木还能提供粮油、纤维以及工业和医药原料等。

五、旅游资源

许多名胜古木以其独特的风姿，吸引了无数游客，成为重要的旅游资源。广东省在已知的古树名木中，树龄最大者是新兴的香荔，超过 1 300 年；树干最粗的是罗定的“榕树王”，胸径达 516 cm；树冠最大的是新会的细叶榕——“小鸟天堂”，覆盖面积约 17 亩，林中鹭鸟无数，池鹭与白鹭晨出暮归，夜鹭则暮出晨归，十分壮观；树形最为壮观的是化州的高山榕，一木成林，气势非凡，估算树龄超 500 年，树高达 30 m，有 17 条粗干，胸径超过 108 cm 的有 11 条，最大胸径达 229 cm；最富传奇色彩的是高州的缅茄，树龄 400 多年，是明朝一官员由于官场失落而种植于此。

【知识拓展】

佛门圣树——娑罗双

梧桐——凤凰栖息之树

树上蔬菜——香椿

神圣之树——菩提榕

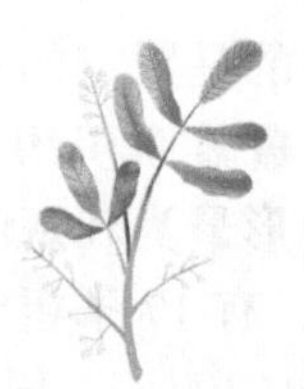

项目3 树木的配置、调查与规划

【项目描述】

树种选择与规划是城市居民区园林建设总体规划的一个重要组成部分，既要满足园林绿化的多种综合功能，又要适时适树，因地制宜。树种的规划是在树种调查的基础上进行的。树种调查既包括认真调查树木现状，又包括认真调查它们的历史。城市树种调查不仅要以栽培树种为对象，也要结合附近山区和郊区的野生树木调查。本项目主要介绍树木配置的基本方式、树种规划的原则、树种调查的基本方法以及古树名木的调查与保护。

【知识目标】

1. 掌握树种配置的基本方式，包括规则式配置和自然式配置的主要方式。
2. 掌握树种规划的基本原则。
3. 掌握树木调查的基本方法及古树名木调查的基本方法。

【技能目标】

能对主要森林城市群建设中常用树种进行科学配置，利用样方法、样线法调查小区的树种，能对城市的古树名木进行调查并制定保护措施。

任务1 树木配置的原则与方式

【任务描述】

树木配置是指在种植树木时，综合考虑功能、审美和生态等因素，进行树种选择、物间（包括植物、景物或其他造型物之间）搭配并确定种植方式与位置。树木的配置应综合考虑、统筹安排，不应把树木与其他花卉割裂开来。树种规划是对城市绿化用树做科学和合理布局。树木的配置方式主要有规则式配置和自然式配置两种方式。

【任务要求】

掌握树木配置的基本原则和主要配置方式。

任务 1.1 树木配置的基本原则

在林业或园林工作中，如何正确地选择树种，并合理地加以配置，成功地组织和建立园景，是一个十分重要的问题。在一个公园或风景区里，树木的栽培，绝不是简单地罗列，任意地乱栽，而是要从科学的审美和实用出发，充分发挥各种树木的综合功能，把树木布置得主次分明，构成一幅错落有致、疏密相间、晦明变化的美丽图景，在构图上能与各种环境条件相适应、相调和，使人们感到美观大方、合情合理，不致产生生硬做作、枯寂无味的感觉。因此，在树种的选择与配置上应该遵循以下几项原则。

一、美观、实用、经济相结合的原则

林业生态工程建设的主要目的是美化、保护和改善环境，为人们创造一个优美、宁静舒适的环境。美观应该给予较多的考虑。所谓实用，即在考虑发挥各项综合功能时，应重点满足该树种配置时的主要目的。如道路两侧栽种的树种，应符合行道树的树种选择条件与配置要求，多选择冠大叶浓的树木以形成林荫，发挥遮阳作用；以美化为主的则应选择观赏价值高的树木以形成植物景观；卫生防护绿地则要选择枝叶繁茂、抗性强的树木以形成保护墙抵御不良环境的破坏；在陵园墓地栽植的树种，应给人以庄重、肃穆的感受。此外，有些树种有各种经济用途，应当对生长快、材质好的珍贵优质树种以及其他一些能提供林副产品的树种给予应有的位置。总之经济原则是力求用最经济的投入获得最佳的绿化效果和最大的社会、经济及生态效益。

二、适生原则（生态原则）

树木的配置要求其生物学特性与生态学特性相适应，首先要保证树木的正常生长发育。必须根据当地的气候、土壤和地上地下的环境条件进行树种选择，做到因地制宜、适地适树，保证植物能正常生长发育和抵御自然灾害，保证稳定的绿化效果。

1. 生物学特性与环境条件相适应

生物学特性是指树种在生命过程中在形态上和生长发育上表现的特点和需要的综合。包括树木的外形、生长速度、寿命长短、繁殖方式和开花结果的特点等。这些特点在配置时必须与环境条件相协调，以增加整体美感。在一些自然式的森林公园中，树形应采用自然风格的树种，在庭园绿化中作中心植的孤植树可配置寿命较长的慢性树种。在不同的形式结构与色彩的建筑物前，则应采用不同树形、体量及色彩的树种，以便与建筑物调和或对比衬托。

2. 生态学特性与环境条件相适应

生态学特性是树种同外界环境条件相互作用中所表现的不同要求和适应能力，如对气温、水分、光照等的要求。每个树种都有它的适生环境，所以在树种选择与配置时，一定要做到适地适树，最好多采用乡土树种。在设计时要注意树种的喜光程度、耐寒程度及土层的厚度、干湿程度，还要注意病虫害方面相互蔓延的可能性。总之，应以树种本身特性及其生态条件作为树种选择的基本因素来考虑。

3. 季相变化必须很好地配合

树木的色彩美在园林中效果最为明显，在树种配置时，要求四季常青，季相变化明

显，并且花开不断。因为任何一个公园或景区的绿化，不能使某一季节百花齐放，而另外季节则无花开放，显得十分单调寂寞。所谓“四时花香，万壑鸟鸣”或“春风桃李，夏日榴长，秋水月桂，冬雪寒梅”就是这个道理。我国人民就很重视树木的季相变化和各花期的配合，欧阳修诗中有“深红淡白宜相间，先后仍须次第栽。我欲四时携酒赏，莫教一日不花开。”“莫教一日不花开”确实不容易做到，因为大部分树木的开花期集中在春夏两季，过了夏季开花的树种就逐渐少了。因此，在园林中配置树木时，要特别注意夏季以后观花、观叶树种的配置，要掌握好各种树木的开花期，做好协调安排。

为了体现强烈的四季不同特色，可采用各种配置方法来丰富每一个季相，如以白玉兰、碧桃、樱花、海棠等作为春季的重点，以荷花玉兰、紫薇、石榴、月季花、桂花、夹竹桃等体现夏秋的特点，如银杏、鸡爪槭、七叶树、枫香树、无患、乌桕、卫矛等黄叶树体现深秋景色，以黄瑞香、蜡梅、茶花、梅花、南天竹等点缀冬景，其色彩效果十分鲜明，也体现了春夏秋冬四季不同的景色。实践证明，一个植物景点，以具有两季左右的鲜明色彩效果为最好。

4. 色彩必须调和

树木的花、果、叶具有不同的色彩，而且同一种树的花、果、叶的色彩也不是一成不变的，而是随着季节的变换而有规律地变化。如叶具有淡绿、浓绿、红、黄之分，花果亦具有红、黄、紫、白各色。因此在树种配置时，不要在同一时期出现单一色彩的花、果、叶而形成单调无味的感觉。要注意色彩的调和变化，使各种景色在不同时期交错出现。

任务 1.2 树木的配置方式

树木的配置方式是指树木的搭配样式，要根据具体绿化环境条件而定，一般可分为规则式配置和自然式配置两大类，前者排列整齐、有固定形式、有一定的株行距，后者自然灵活、错落有致、没有一定的株行距，两者应用于不同的场合，树种选择各有差异。

一、规则式配置

树木的栽植按几何形式，整齐、严谨，有一定的株行距且按固定的方式排列，即按照一定的株行距和角度有规律的栽植。多应用于建筑群的正前面、中间或周围，配置的树木呈庄重端正的形象，使之与建筑物协调，有时还把树木作为建筑物的一部分或作为建筑物及美术工艺来运用。

（1）中心植　栽植于广场、花坛等的中心位置，以强调视线的交点。以选用树型整齐、轮廓线鲜明、生长缓慢的常绿树种为宜，如苏铁、云杉、雪松。园林效果：中心美。

（2）对植　两株或两丛同种、同龄的树种左右栽植在中轴线的两侧，是均衡的对应。常用于建筑物前大门或庭园的入口处，以强调主景。要求树木形态整齐美观，大小一致，多用常绿树种，如圆柏、龙柏、云杉、冷杉、柳杉、荷花玉兰等。园林效果：对称美。

（3）列植　树木按一定几何形式成行成排整齐栽种，且保持一定的株行距。体现直线美的园林效果。有单列、双列、多列等方式。一般为同种、同龄树种组成。多用于行道树、防护林带、绿篱或树群、片林等。

（4）三角形种植　栽种成等边或等腰三角形。体现均衡美的园林效果。

（5）多角形种植　有单星、复星、多角星、长方形、正方形等几何图形栽植方式。园林效果：图形美。

（6）环植　包括环形（可以是单环、双环、多环）、半圆形、弧形等。园林效果：曲线美。

二、自然式配置

是仿效树木自然群落构图的配置方式，以创造一个让人们休息、游乐的自然环境。采用的树种最好是树姿生动，叶色富于变化，有鲜艳花果者为好。就其配置形式来讲，不是直线对称的，而是三五成群的，有远有近，有疏有密，有大有小，相互掩映，生动活泼，宛如天生。主要特点是自然、灵活、参差有致、富于变化，无一定的株行距和固定的排列方式。

（一）孤植

一株树单独栽植，或两三株树栽在一起，仍起一株树效果者，谓之孤植。体现个体美。不只是单株栽植而言，而是泛指孤立欣赏的意思。这种方式最能显现树木个体自然形态美。对它的姿态、色彩等都要求具有优美独特的风格，在园林的统一体中，与周围环境有着密切的联系，它栽植的位置突出，常是园景构图的中心点和主体。因此，在选择孤植树时，要求姿态丰富，富于轮廓线，有苍翠欲滴的枝叶，体型要巨大，树冠要开展，形成绿荫，供夏季游人休息。色彩要丰富，随季相的变化而呈现美丽的红叶或黄叶。最好具有香花或美果。

（二）对植

不均衡的对称。体现对称美。在道路进口、桥头石级两旁、河流入口等处，可采用自然式对植。一般采用同一树种，但其大小、姿态必须不同，也可在一侧为一株大树，另一侧为同种树的两株小树，还可以是两树丛或树群的对植，但树丛或树群的组合，树种必须相近。

（三）列植

并非严格地按照固定株行距及直线排列。体现线条美。

（四）丛植

2 株以上至 10 余株树同植一起者，谓之丛植，既可表现群体美，又可表现个体美。树丛在园景构图中是以群体来考虑的，主要表现的是群体美，但同时还要表现出个体的美来。树丛和孤植树是园林中华丽的装饰部分，其功能是作主景、配景或遮阳。作主景用的树丛其配置手法与孤植树相同。

（五）群植

比树丛更大的群体为树群。一般 20 株以上的树木栽植在一起，即为群植，只表现群体美。其不同于树丛的是因为它在构图上只表现群体美，而不表现个体美，而且树群内部各植株之间的关系比树丛更加密切，但它又不同于森林，它对于小环境的影响没森林显著，不能像森林那样形成自己独特的社会和森林环境条件。树群有单纯树群和混交树群两种类型。

（1）单纯树群　以同一种树种组成的单纯树群，如圆柏、松树、水杉、杨树等，给人以壮观雄伟的感觉。多以常绿树种为好，但这种树群林相单纯，显得单调呆板，而且生物学上的稳定性小于混交树群。

（2）混交树群　在一个树群中有多种树种，由乔木、灌木等组成。在配置时如果用常绿树种和落叶树种混交时，常绿树种为背景，落叶树种在前面，高的树在后面，矮的树在前面；矮的常绿树可以在前面或后面，具有华丽叶片、花色的树在外缘，组成有层次的垂直构图。

树群的树种不宜过多，最多不超过 5 种，通常以 1～2 种为主，作基调。要注意每种树种的生长速度尽量一致，以使树群有一个相对稳定的理想外形。

（六）林植（片林）

形成大规模林分，表现林相美。是较大面积的多数植株成片的栽植，如城乡周围的林带、工矿区的防护林带、自然风景区的风景林等。它在形成自己独特的森林群落和对小气候的影响方面与森林相似。在结构上与树群相同，可以组成单纯片林或混交片林。在自然风景林区应配置色彩丰富、季相变化的树种，还应注意林冠线的变化，疏林和密林的变化。在林间设计山间小道，使游人有曲径通幽之感，在林间留有一定面积的空地，为游人创造小憩的自然景色。在一个大面积的绿地上，从孤植树、树丛、树群到片林的配置，应协调分布、渐次过渡，使人产生深远的感觉。例如以风景林或树群作背景，配上不同而和谐的树丛和孤植树，就可以形成各种不同的风景局部。巧妙的配置可以使游人在不同的方向眺望出去，都可以看到许多风趣不同的优美画面。

任务 2　树种调查与规划

【任务描述】

以林地、林木以及林区范围内生长的动、植物及其环境条件为对象的林业调查称为森林调查。目的在于及时掌握森林资源的数量、质量和生长、消亡的动态规律及其与自然环境和经济、经营等条件之间的关系，为制定和调整林业政策、编制林业计划和鉴定森林经营效果服务，以保证森林资源在国民经济建设中得到充分利用，并不断提高其潜在生产力。树种规划是在树种调查基础上进行的，包括重点树种和一般树种的确定，重点在基调树种与骨干树种的选择和次序安排上。本任务主要介绍森林调查中最基本的树木调查方法（样方法和样线法）以及树种规划的基本原则。

【任务要求】

能调查附近森林公园森林植物群落的树木组成。能分组完成植物群落的样方调查，独立编写调查报告和植物名录。

任务 2.1 植物调查的基本方法

一、植物调查的概念及森林调查的类型

（1）植物调查的定义 是借助传统和当代数量生态学的方法和手段，对一定区域内植物的现状和历史进行调查，以摸清该区域植物的种类、数量和分布情况。

（2）森林调查的类型 按调查的地域范围和目的，森林资源调查分为：以全国（或大区域）为对象的森林资源调查，简称一类调查；为编制规划设计而进行的调查，简称二类调查；为作业设计而进行的调查，简称三类调查。这三类调查上下贯穿、相互补充，形成森林调查体系，是合理组织森林经营、实现森林多功能永续利用、建立和健全各级森林资源管理和森林计划体制的基本技术手段。

二、目的意义

森林植物群落是指在相同时间内聚集在同一地段上的各森林植物种群的集合。植物种类不同，群落的类型和结构也不相同，种群在群落中的地位和作用也不相同。因此，我们可以通过对森林植物群落物种多样性的调查研究来更好地认识群落的组成、变化、发展以及环境保护的状况。植物群落的特征及森林植物种类的多样性，对我们了解和保护森林植物资源、保护生态环境等都具有极为重要的意义。

三、调查工具

地形图、照相机、罗盘仪、GPS、皮尺、测绳、钢卷尺、围尺、枝剪、高枝剪、小铲、小刀、植物标本夹、标签、野外记录本、调查表格等。

四、调查方法

1. 样线法

在调查范围内，选取若干条具有代表性的路线，沿路线记载植物种类、采集标本、观察生境、目测多度。具体方法是：主观选择一块有代表性的地段，设一条基线，然后作垂线，取垂线作植物调查（一般调查草本设 6 条 10 m 长、灌木设 10 条 30 m 长、乔木设 10 条 50 m 长的垂线）。

2. 样方（带）法

划出一定面积的正方形（10 m × 10 m、20 m × 20 m）或长方形（10 m × 20 m）在样方（带）中进行调查，记载植物种类、采集标本、目测多度。样方（带）一般从山脚到山顶均匀设置。

3. 调查记录表

见表 3-2-1。

表 3-2-1 森林植物野外调查记录表

编号		植物名称	学名	相对多度	相对盖度	相对频度	重要值
乔木层	1						
	2						
	3						
	⋮						
林间层	1						
	2						
	3						
	⋮						
灌木层	1						
	2						
	3						
	⋮						
草本层	1						
	2						
	3						
	⋮						

4. 数据分析

采用重要值作为多样性指数计算和群落划分的依据，而群落多样性的测度选用 Simpson 多样性指数，Simpson 指数是反映群落中物种均匀度的指标，是表明群落的优势度集中在少数种上的程度指标，指数值越高，说明森林植物群落中物种的均匀度越高，群落的优势度集中在少数种上的程度越低，群落的物种多样性也就越高。多度是指植物群落中各种群个体数量多少的程度。多度一般目测，分为 6 级：1 级（极少）、2 级（＜5%）、3 级（5%～25%）、4 级（25%～50%）、5 级（50%～75%）、6 级（＞75%）。盖度是指样地内植物枝叶覆盖土地面积的比值，也称投影盖度。盖度一般指乔灌木层的投影，也用目测，分级同多度。

5. 计算公式

重要值 = 相对多度 + 相对频度 + 相对盖度

相对多度 = 某种的多度 / 所有种的多度之和 × 100%

多度 = 某种的个体数 / 所有种的个体数之和

相对频度 = 某种的频度 / 所有种的频度之和 × 100%；

频度 = 某种出现的样方数 / 样方总数

相对盖度 = 某种的盖度 / 所有种的盖度之和 × 100%

五、调查报告

主要内容包括：前言（调查目的、任务、范围）、调查区社会经济情况和自然环境条件、调查区野生植物资源现状、调查区植物名录（科名、种名含学名）。

任务 2.2　树种规划的原则

（1）要符合森林植被区的自然规律　在树种规划中既要常绿树与落叶树相搭配，被子植物与裸子植物相结合，又要遵循当地森林植被中所展示的自然规律，在树种规划中不应局限于模仿自然，而应根据对城市绿地的要求，在自然规律的指导下去丰富自然。如广州地处亚热带地区，地带性植被为亚热带常绿阔叶林，在树种规划时广州应以常绿阔叶林树种为主，以反映亚热带风貌，也可适当增加一些春色叶树和秋色叶树等落叶树来丰富广州市的季相变化。

（2）以乡土树种为主，适当引进经过长期考验的外来树种　如北京的白皮松、广州的木棉树和小叶榕、重庆的黄葛树、福州的小叶榕都是地方特色比较突出的种类。

（3）基调树种和骨干树种的要求　如桑科黄葛树和构树都是生长快，适应性强，抗毒及吸毒能力强，适合在工矿区大量栽种的树种。其中，黄葛树高大壮观，根系强大，已作为重庆市的基调树种，表现良好。构树生命力强，能在石缝中生长，萌芽力和适应性都很强，甚至能在炼钢炉边顽强生长，被列入上海市工矿区骨干树种。

（4）以乔木为主　乔木、灌木、草本及草坪地被植物全面合理安排，选择长寿树种、珍贵树种，注意慢长树与快长树相结合。

任务 2.3　古树名木的调查与保护

一、古树名木、大树的概念及保护意义

古树名木是一个国家或地区悠久历史文化的象征，具有重要的人文和科学价值。它们不但对研究本地区的历史文化、环境变迁、植物分布等非常重要，而且是一类独特的不可代替的风景资源，有“活文物”“绿色活化石”之称。

古树是指树龄达 100 年以上者，古城、寺庙及古陵墓等地常有大量的古树，如天目山开山老殿的银杏、金钱松和柳杉。

名木是指具有纪念性、历史意义或国家地方的珍稀名贵树种，如黄山的迎客松、泰山的五大夫松等。

古树名木两者有时集于一身，如陕西黄陵轩辕庙内的两株古柏，一株是黄帝手植柏，高近 20 m，另一株挂甲柏，枝干斑痕累累，纵横成行，柏胶渗出，相传汉武帝挂甲所致。又如北京西郊大觉寺的银杏，树龄 900 年以上，高 18 m，可谓古老、高大的名木。在广州市及珠江三角洲一带比较常见的种类有小叶榕、大叶榕、樟树、木棉和白兰树等。

古树名木可以构造美丽的景观，是活的文物，对我国的历史及诗画艺术研究有很大价值，也可为研究古气候变化及树木的生命周期提供重要资料，它们对一个城镇的树种规划

具有重要参考价值。古树是上百年甚至上千年成长的结果，是稀有之物，古树的存在，说明该树能适应当地的历史气候及土壤条件，古树一旦死亡，则无法再现，所以应加强管理与保护。

二、古树名木的调查登记

老城区、宫殿、寺庙、陵墓及庄园等地存在大量古树名木，新兴城区也有相对较老的树木存在，各地园林和文物部门应详加调查，收集有关的历史资料如诗、画及传说等，并对文史价值或观赏价值高的树木建立档案，挂牌标名，指定专人负责管理保护，如北京、重庆、广州等城市均已建立了有关古树名木的档案。

三、古树名木的保护

首先，要制定古树名木的保护法规。目前各地砍伐、损伤古树名木的事件时有发生，急需采取措施改善现状。要加强宣传教育，使广大园林工作者和群众了解保护古树名木的意义。同时更重要的是制定相应的法规，使对古树名木的保护有法可依。如广州市政府于1985 年颁发了《广州地区古树名木保护条例》。

其次，要针对不同情况采取具体的保护措施。古树名木所处的环境各异，加速其衰老的原因及可能威胁其生存的原因也各不相同，要根据具体情况采取不同的保护措施，例如对因立地土壤条件差而生长不良者应采取松土、灌水、施肥或设护栏等措施。对环境污染严重处，应以治理污染源为主，并加强树木的营养以增强其抗性。大树应安装避雷针以防雷击。古树常有中空，树干倾斜或树偏冠等现象，应加强支撑设施，以免因雨雪风霜等造成折枝或连根倒伏等不可挽救的损伤。对病虫害、树洞及伤口等需及时防治与妥善处理。

北京湿地的外来入侵植物

先花叶树种景观图

广州荔枝湾古榕景观

项目 4　裸子植物识别

【项目描述】

裸子植物是原始的种子植物，胚珠裸露，在受精时形成。最初的裸子植物出现在距今6亿年前的古生代，至中生代（约2亿年前）时繁衍极盛，侏罗纪后慢慢退化。至今全世界仅存12科71属约800种，是当今植物界最少的一类植物。许多裸子植物是林业生产上重要的经济树种，也是许多园林树种。本项目主要介绍裸子植物的主要特征以及一些重要科的特点，识别华南地区常见的裸子植物。

【知识目标】

1. 掌握裸子植物的主要特征及我国重要的孑遗植物。
2. 掌握松、杉、柏科的异同点。
3. 掌握华南地区主要裸子植物的形态特征及习性、用途。

【技能目标】

识别华南地区林业生产与园林中常用的裸子植物。

裸子植物亚门 Gymnospermae

木本乔木，稀为木质藤本。次生木质部几乎全由管胞组成，稀具导管，韧皮部仅有筛胞，无筛管。叶多针形、条形、鳞形、线形，稀为羽状全裂、椭圆形。球花单性，胚珠裸露，不为子房包被，形成的种子裸露，不产生果实，种子有胚乳，子叶一至多数。

现存的裸子植物有800多种，广泛分布于世界各地，特别是在北半球亚热带的高山地区及温带至寒带地区分布较广。我国有11科41属243种，包括引种1科8属50余种，是世界上裸子植物资源最丰富的国家。在古地质年代里种类多、分布广，后濒临绝灭，残留极少的植物称为孑遗植物。我国著名的三大孑遗植物为：银杏、水杉、水松。

G1 苏铁科 Cycadaceae

1. 苏铁（铁树、避火蕉）*Cycas revoluta*

【识别要点】常绿乔木，树干棕榈状，高2～3 m，茎顶密被茸毛。叶羽状分裂，基部两侧有刺，羽片条形，厚革质而坚硬，边缘显著反卷，先端尖锐。雌雄异株，雄球花长圆柱形，小孢子叶密被黄褐色长茸毛，背面着生多数药囊；雌球花扁球形，大孢子叶宽卵形，先端羽状分裂，密生黄褐色茸毛，胚珠 2～6，种子红褐色或橘红色，倒卵形，微扁。花期 6—8 月，果 10 月成熟。

【习性、分布、用途】喜温暖湿润，不耐寒，生长速度缓慢，寿命可达百年。产于我国华南、西南部，生于山坡疏林或灌丛，但因人为破坏现已几乎绝迹。日本琉球群岛也有分布。现世界各地广泛栽培，我国长江流域和华北、东北多盆栽。体型优美，具热带风光效果，孤植、丛植、对植、混植，常种植于草坪、花坛的中心或盆栽布置于大型会场，亦可作庭园树、盆景。叶为切花材料。茎髓中具大量的淀粉可用作西米，种子入药具疗痢功效。

图 4-1-1 苏铁

A. 植株 B. 树干 C. 雌球花 D. 雄球花

2. 长叶苏铁 *Cycas circinalia*

【识别要点】树干不分枝，有黑色鳞秕。叶簇生于茎顶，叶柄长，坚硬直立，有刺，一回羽状全裂，叶裂片近 20 对，排成 2 列，长披针形，长可达 1 m。雌雄异株，雄球花长圆柱形，雌球花圆球形。

【习性、分布、用途】喜温湿，生长于滇东南山谷热带雨林中。云南特有种，产于马关、屏边、金平和河口等地，广西有分布，越南、泰国、缅甸及老挝也有分布。野生个体非常稀少，常见原产地村落栽培。国家 I 级重点保护野生植物。

图 4-1-2 长叶苏铁

A. 树干 B. 羽状叶

G2 泽米铁科 Zamiaceae

鳞秕泽米铁 *Zamia furfuracea*

【识别要点】灌木状，高 30～60 cm，有时分枝。羽状叶长可达 20～60 cm，叶柄基部膨大，有时基部有毛，密被粗壮短刺，羽片厚革质，坚硬，先端钝尖，边缘具细齿。雌雄异株，雌球花圆球形，雄球花圆柱形。种子球形，红色。

图 4-2-1 鳞秕泽米铁

A. 植株 B. 叶柄 C. 叶 D. 雄球花

【习性、分布、用途】喜光，喜湿暖气候，适生于排水良好的钙质土壤。世界各地栽培，我国华南地区栽植，叶色青绿，姿态优美，常植于草地中央、边缘。

G3 银杏科 Ginkgoaceae

银杏（白果树、公孙树）*Ginkgo biloba*

【识别要点】落叶大乔木，高可达 40 m，主枝斜展，树冠宽。叶扇形，叶柄长，枝有长短枝之分，在长枝上互生，在短枝上簇生，叶脉二叉状，叶边缘有缺裂。雌雄异株。种子核果状，成熟时黄色或橙黄色，外被白粉，外种皮肉质，有臭味，中种皮白色骨质，内种皮膜质，胚乳肉质，子叶 2，种子 9—10 月成熟。

【习性、分布、用途】喜光，耐旱，不十分耐寒。我国特有种，自辽宁南部至华南、西南均有分布及栽培。树形优美，叶形奇特，秋天叶色变金黄，是黄色秋景的典型树，常栽于古刹庭园之中，广泛用作行道树、风景树。种子可供食用，但不可多食，否则易中毒，亦可入药，有清热利尿的功效。国家一级重点保护树种。

图 4-3-1 银杏

A. 植株冬态 B. 球果枝 C. 种子 D. 去掉外种皮的种子

G4 南洋杉科 Araucariaceae

1. 南洋杉 *Araucaria heterophylla* (Salisb.) Franco

【识别要点】常绿大乔木，高可达 40 m，树皮粗糙，横裂，主枝轮生、平展，小枝下垂，常排成 2 列。叶二型，生于侧枝及幼树之叶排列疏松多呈针形，生于老枝上的叶排列紧密呈卵形或三角状钻形，先端略弯不刺手，叶上面多生气孔线，下面无。雌雄异株，雄球花单生枝顶，圆柱形。球果卵球形，苞鳞先端有向外反曲的长尾状尖头。种子两侧有膜质翅。

【习性、分布、用途】喜温暖湿润气候，不耐干燥和寒冷，喜生于肥沃避风排水良好的土壤，播种和扦插繁殖。原产于澳洲，我国广州、海南岛、厦门、上海、昆明等地有栽培。树冠尖塔状，苍翠挺拔，优雅壮观，可作庭园树、行道树，长江以北有盆栽，是极好的大会场景装饰材料。与雪松、日本金松、金钱松、巨杉合称为世界五大庭园树种。

图 4-4-1　南洋杉

A. 植株　B. 侧枝　C. 球果枝　D. 球果

2. 猴子杉 *Araucaria cunninghamii* D. Don

【识别要点】本种与南洋杉不同点在于：叶钻形，顶尖，坚硬刺手，侧生小枝排列紧密不下垂，不成 2 列，呈不规则珊瑚状，枝条有较丰富的白色树脂。

【习性、分布、用途】喜温暖湿润气候，不耐干燥和寒冷。我国华南各地有栽培。树形优美作绿化树种、庭荫树。

图 4–4–2 猴子杉

A. 植株 B. 枝叶 C. 幼枝 D. 球果

3. 贝壳杉 *Agthis dammara*

【识别要点】常绿乔木，树皮黄褐色，斑块状脱落，大枝轮生，枝叶具强烈的树脂味，枝有透明的汁液。单叶对生，叶黄绿色，革质，呈贝壳状，矩圆形，具多数不明显的并列细脉，先端钝尖，叶质地较脆，折叠后极易拉断，叶柄短而平。雄球花圆柱形，球果近圆球形，种子倒卵形。

【习性、分布、用途】喜光，喜温暖湿润气候，适生于深厚肥沃湿润土壤，播种繁殖。原产于马来西亚，我国南方有栽培。树姿优美，叶形奇特，叶色多变。可丛植、孤植或混植，可作风景树、绿化树。

图 4-4-3 贝壳杉

A. 树形 B. 树干 C. 枝叶 D. 球果

G5 松科 Pinaceae

常绿或落叶乔木，极少灌木，有树脂，仅具长枝。叶针形或条形，不下延，条形叶扁平，稀四棱形，在长枝上螺旋状，在短枝上簇生，针叶 2～3 或 5 针一束，着于退化的短枝顶端，基部具叶鞘。雌雄同株或异株，雄球花长卵形或圆柱形，雄蕊多数，每雄蕊具 2 花药，花粉具气囊或无；雌球花呈球果状，苞鳞与种鳞多数，完全分离，每个珠鳞具有 2 个倒生胚珠，球果成熟时种鳞裂开，每种鳞有 2 粒种子，种子有翅。

1. 马尾松 *Pinus massoniana*

【识别要点】常绿大乔木，树皮红褐色，呈鳞状块裂。大枝平展或斜展，树冠宽塔形或伞形。枝条每年生长 1 轮，淡黄褐色，无毛。叶针形，2 针一束，长 12～20 cm，质地柔软，微扭曲，两面有气孔线及白粉，边缘有细齿。球果卵圆形或圆锥状卵圆形，有短梗，生于小枝近顶端，常下垂；鳞盾菱形，微隆起或平；鳞脐微凹，无刺。种子具翅。

【习性、分布、用途】强阳性树种，幼苗也不耐阴。喜暖湿气候，适酸性黏质壤土。能耐 0℃以下短时低温，耐干旱瘠薄，不耐水涝及盐碱地，播种繁殖。产于秦岭、淮河流域以南，台湾有少量分布。为长江以南造林先锋树种，树姿挺拔，树形苍劲雄伟，是江南及华南地区和疗养林的好树种。

图 4-5-1 马尾松

A. 树形 B. 树干 C. 针叶 D. 球果枝

2. 湿地松 *Pinus elliottii*

【识别要点】树冠呈尖塔形。树皮灰褐色，纵裂呈条状剥落。枝条每年生 2 至数轮，橙褐色，后变褐色至灰褐色。叶针形，2～3 针 1 束，长 18～25 cm，质地粗糙刚硬，具气孔线，边缘有细齿。球果圆锥状卵圆形，有刺。

【习性、分布、用途】适应性强，造林前期生长迅速。我国南方引种栽培。在长江以南的园林和自然风景区中常作重要树种应用，宜植于河岸池边。

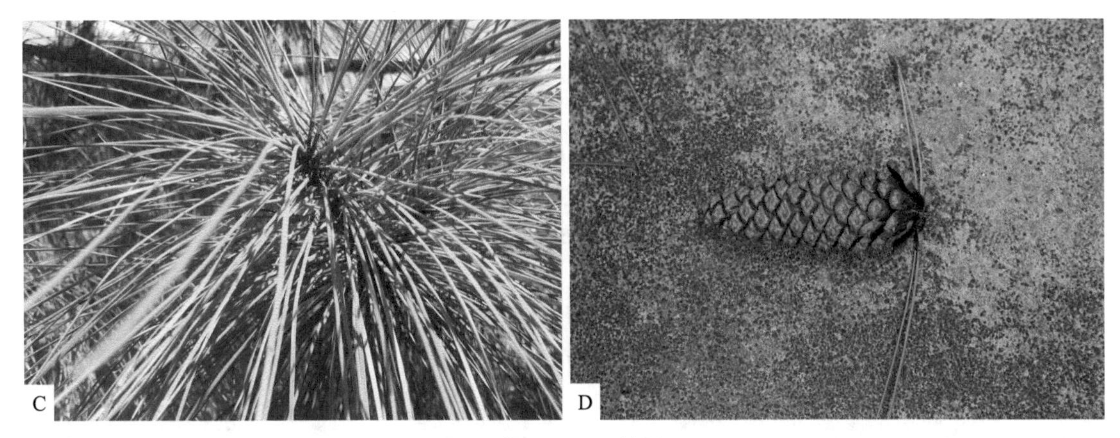

图 4-5-2 湿地松

A. 树形 B. 树皮 C. 枝叶 D. 球果

3. 金钱松（金松、水树）*Pseudolarix amabilis*

【识别要点】落叶乔木，树皮鳞片状，枝有长短枝之分。叶在长枝上螺旋状散生，在短枝上簇生密集成圆盘形，秋天叶色金黄似铜钱，故得名。球花生于枝顶。球果卵圆形，种鳞木质，熟后脱落；种子卵圆形，有宽大种翅。

【习性、分布、用途】喜温暖多雨气候。产于长江中下游以南。我国特产。树枝平展，姿态优美，是营造秋景的色叶树种，适于孤植、群植。

图 4-5-3 金钱松

A. 树形 B. 枝条 C. 叶

4. 油杉 *Keteleeria fortunei*

【识别要点】常绿大乔木，树皮条状开裂。叶条形，在侧生小枝上排成近2列。球果大，种鳞无鳞盾及鳞脐之分，苞鳞不脱落。

【习性、分布、用途】喜光，好温暖，不耐寒，适生于温暖多雨的酸性红壤或黄壤。萌芽性弱，主根发达。我国特有树种，产于浙江、福建、广东、广西，生于海拔400～1 200 m山地。树冠塔形，枝条开展，叶色常青，可作园景树或山地风景林树种。

图 4-5-4 油杉

A. 树干 B. 树形 C. 枝叶 D. 球果枝

5. 雪松（香柏、喜马拉雅松）*Cedrus deodara*

【识别要点】常绿乔木，高达30 m，树冠塔形。有长短枝，针叶单生，在长枝上互生，在短枝上簇生，银灰色至淡绿色，各面均有数条气孔线。雌雄异株。球果卵圆形或近球形，无刺。种子三角状，种翅宽大，大枝平展，小枝略下垂。球果翌年秋天成熟。

【习性、分布、用途】喜光，稍耐阴，喜温和凉润气候，抗风力弱。分布于我国华北、华东、华中至西南地区。世界著名的观赏树，适于孤植、群植。与金钱松、日本金松、南洋杉、巨杉合称世界五大庭园树种。

图 4-5-5 雪松

A. 树形 B、C. 枝叶 D. 雄球花

6. 油松（东北黑松）*Pinus tabulaeformis*

【识别要点】树冠广卵形，老时平顶状。针叶 2 针 1 束，长 10～15 cm，粗硬，稍扭曲。球果成熟时不落，种子具膜质翅。花期 4—5 月，种子翌年 9—10 月成熟。

【习性、分布、用途】喜光、耐贫瘠。我国东北南部、华北、西北均有分布。树干挺拔苍劲，枝叶繁茂，在绿化配植中可孤植、丛植、群植。

7. 红松 *Pinus koraiensis*

【识别要点】常绿乔木，高可达 40 m。小枝密生褐色柔毛。叶 5 针一束，粗硬，树脂道 3 个，叶鞘早落。球果卵状圆锥形，种鳞先端钝，向外反曲，成熟时种子不脱落。种子大，长 1.2～1.6 cm，无翅。

【习性、分布、用途】耐寒性强，喜微酸性土或中性土，产于中国东北长白山到小兴安岭，常同鱼鳞松、红皮云杉组成混交林。木材轻软、细致、纹理直、耐腐蚀性强，为建筑、桥梁、枕木、家具优良用材；树皮可提取栲胶，树干可采松脂；种子供食用或药用，又可榨油供食用及工业用。为产地主要造林树种，又为观赏树。

图 4-5-6 油松

A. 球花 B. 一年生球果 C. 二年生球果

图 4-5-7 红松

A. 树形 B. 树干 C. 叶

8. 银杉 *Cathaya argyrophylla*

图 4-5-8 银杉

【识别要点】常绿乔木，树皮不规则薄片。叶螺旋状着生，辐射伸展，条形或线形，下面有两条白色气孔带，在节间上端排列紧密，叶边缘反卷，叶柄短。雄球花基部有苞片承托，雌球花基部无苞片。球果卵圆形，成熟后褐色，种鳞背面密被透明的短柔毛。种子斜倒卵形，有斑纹。

【习性、分布、用途】喜光，喜温暖湿润的气候和排水良好的酸性土壤。播种或嫁接繁殖。我国特有种，产于广西、四川、湖南、贵州，多生于悬崖和山脊。树形苍虬，叶常绿，干挺拔，可栽作观光树或风景林树种。国家一级重点保护植物。

9. 华南五针松 *Pinus kwangtungensis*

【识别要点】常绿乔木，高可达 30 m，胸径 1.5 m，不规则的鳞片。小枝无毛，针叶 5 针 1 束，先端尖，边缘有疏生细锯齿，腹面有白色气孔线，叶鞘早落。球果常单生，熟时淡红褐色，微具树脂，种鳞楔状倒卵形，鳞盾菱形。种子椭圆形或倒卵形，4—5 月开花，球果第翌年 10 月成熟。

【习性、分布、用途】喜生于气候温湿、雨量多、土壤深厚、排水良好的酸性土及多岩石的山坡与山脊上，常与阔叶树及针叶树混生。中国特有树种，分布于中国湖南南部、贵州、广西、广东北部及海南五指山海拔 700～1 600 m 地带。木材质较轻较软，结构较细密，具树脂，耐久用。可供建筑、枕木、电杆、矿柱及家具等用材，亦可提取树脂。

A

B

图 4-5-9 华南五针松

A. 树形 B. 大枝 C. 侧枝 D. 幼枝

G6 杉科 Cunnignhamiaceae

常绿或落叶乔木，树干端直，树皮纤维发达，裂成长条片脱落。大枝轮生或近轮生，叶螺旋状排列，散生，稀交互对生，披针形、锥形、鳞形或条形，基部一般下延。雌雄同株，雄球花的雄蕊和雌球花的珠鳞螺旋状排列，雄蕊具花药 2～9，花粉无气囊，珠鳞与苞鳞半合生，仅顶端分离，或苞鳞发育，珠鳞不发育，或苞鳞退化，每个珠鳞具 2～9 个倒生或直生胚珠。球果当年成熟，每个种鳞具种子 2～9 枚。

主要分布于东亚、北美及大洋洲，我国 5～9 种，引种 3～4 种，主要分布于长江流域以南温暖地区。

1. 水松（水石松、水绵）*Glyptostrobus pensilis*

【识别要点】半落叶乔木，有膨大成柱槽状的树干基部，常有突出地面的呼吸根，树干有扭纹。叶三型：鳞形、条形、条状钻形。生条形、条状钻形叶的小枝冬季脱落，生鳞叶的小枝宿存。球果倒卵形，种鳞木质。种子下端有长翅。

【习性、分布、用途】喜光，喜水湿，喜温暖湿润，不耐低温。分布于广东珠江三角洲、福建闽江下游和长江流域以南各地。我国特有树种。秋季叶色变褐，是河边、湖畔及低湿处的绿化树种。

2. 水杉 *Metasequoia glyptostroboides*

【识别要点】大枝不规则轮生，小枝对生，下垂。叶交互对生，条形，冬季与无芽侧枝一同脱落。球果有长柄，下垂，近球形，种鳞木质，盾形。种子扁平，周围具窄翅。

【习性、分布、用途】喜光性强。全国各地普遍种植。为孑遗树种，是国家一级保护植物。春季嫩枝青绿，秋季叶色变黄，色彩鲜明，是较好的行道树和庭园风景树。

3. 落羽杉（落羽松）*Taxodium distichum*

【识别要点】落叶大乔木，秋叶变黄。树干基部膨大，有呼吸根。叶条形，扁平，叶基扭转排成羽状 2 列，大枝水平展开。球果有短梗，熟时淡褐黄色。种子褐色。球果 10 月成熟。

【习性、分布、用途】生于亚热带沼泽地，原产于北美东南部。中国广州、杭州、上海、南京、武汉、福建均引种栽培。尖塔形树冠，叶近似羽毛，秋天变古铜色，常栽种于平原地区及湖边、河岸、水网等潮湿地区。

图 4-6-1 水松

A. 树形 B. 树冠 C. 球果枝

图 4-6-2 水杉

A. 树形 B. 树干 C. 枝叶 D. 球果枝

图 4-6-3 落羽杉

A. 树形 B. 树干 C. 呼吸根 D. 枝叶

4. 池杉（沼落羽松、池柏、沼杉）*Taxodium ascendens*

【识别要点】落叶乔木，树干基部膨大，通常有屈膝状的呼吸根。小枝直立，大枝斜向上伸展，形成狭窄的尖塔形树冠。叶钻形，前伸，在小枝上螺旋状排列，有的幼枝或萌芽枝上的叶为线形。球果椭圆状，淡褐色。种子红褐色。

【习性、分布、用途】强阳性，喜温暖湿润环境。分布于我国长江南北水网地区。树姿优美，秋天叶色变棕褐，适于水滨湿地作园景树。

图 4-6-4 池杉

A. 树形 B. 枝条 C. 侧枝 D. 球果

5. 杉木 *Cunninghamia lanceolata*

【识别要点】常绿大乔木，树干通直，条状开裂。叶互生，条状披针形，顶尖刺手，在侧枝上排成近 2 列，背面具 2 条白色气孔带，边缘具细锯齿。球果有刺，苞鳞大于种鳞。

【习性、分布、用途】喜光，喜温暖湿润气候，喜深厚、肥沃、排水良好的酸性土壤，不耐盐碱土。主要产于我国长江流域秦岭以南各省区。树干端直，树冠参差，极为壮观。适于大面积群植，可作风景林，我国南方重要速生用材树种之一。

图 4-6-5 杉木

A. 树形 B. 球果枝 C. 幼苗

6. 柳杉（长叶孔雀松、木杪椤树）*Cryptomeria fortunei*

【识别要点】小枝细长下垂。叶钻形，螺旋状排列，先端内曲。球果近球形，种鳞木质。种子近椭圆形，微扁，褐色，周围有翅。花期 4 月，球果 10 月成熟。

【习性、分布、用途】中等喜光，喜温暖湿润气候。产于长江流域以南至广东、广西、四川、云南、贵州等地。是良好的绿化和环保树种，可作庭荫树、园景树或行道树。

G7 柏科 Cupressaceae

常绿乔木或灌木，叶交互对生或三叶轮生，或两者兼有，基部下延或有关节。雌雄同株或异株，雄球花有雄蕊 2～16，雄蕊交互对生或三轮生，各具花药 2～6，花粉无气囊，雌球花具交互对生的珠鳞 3～18，苞鳞与珠鳞合生，仅尖端分离，胚珠直立，球果小，种鳞革质、木质或肉质结合，交互对生。种子有翅或无翅。

22 属约 150 种，遍布全世界。我国 8 属 32 种 6 变种，引入栽培 1 属 15 种，全国广布。

1. 柏木 *Cupressus funebris*

【识别要点】常绿乔木，树高可达 35 m，树皮条状纵裂，小枝细长，柔软下垂，排成一小平面。鳞叶小，两面同色，先端尖，仅幼苗及徒长枝上的叶为刺形。球果小，种鳞 4 对，中央有小尖突。

【习性、分布、用途】阳性树，为中亚热带石灰岩山地钙质土上的指示植物。播种繁殖。产于我国大部分地区。树姿潇洒宜人，树冠整齐，最宜群植成林或列植成通道，形成柏木森林景色。

图 4-7-1 柏木

A. 树形 B. 侧枝 C. 球果枝

2. 侧柏 *Platycladus orientalis*

【识别要点】常绿乔木，树高可达 20 m，树皮细条状纵裂，小枝斜上伸展，细叶排列紧密，成一平面。鳞叶形小，两面同型，先端钝，不刺手，有香味。雌雄同株，球果种鳞木质，具种子 1～2 枚。

【习性、分布、用途】适应性强。我国特产，全国广布，自古以来常栽植于寺院、陵墓地和庭园中。与圆柏混交能达到更好的风景艺术效果。是我国最常用的园林树种之一，也是古典园林特色之代表树种。

图 4-7-2　侧柏

A. 树形（幼树）　B. 大枝　C. 球果枝　D. 球果

3. 福建柏（阴柏木、建柏）*Fokienia hodginsii*

【识别要点】常绿乔木，高可达 25 m，树皮纵裂，生鳞叶的小枝扁平，三出羽状分枝，排成一个平面。叶鳞形，小枝上面的叶微拱凸，深绿色，下面的叶具有凹陷的白色气孔带，枝条明显成节，每节具鳞叶 3 枚，侧生 2 枚较大，中间 1 枚较小。雌雄同株，球花单生小枝顶端。球果翌年成熟，近球形，成熟时褐色。

【习性、分布、用途】阳性树种，有较强的抗风能力。分布于越南及中国西南部、南部至东部。树形美观、树干通直，为优良的园林绿化树种，可与落叶阔叶树混交构成林相，以显森林之美。国家二级重点保护树种。

图 4-7-3 福建柏

A. 树形 B. 枝条 C. 球果枝

4. 圆柏 *Sabina chinensis*

【识别要点】常绿乔木，树高可达 20 m，树皮条状纵裂，树冠幼时尖塔形，小枝斜展，不排成一个平面。叶异型，鳞叶交互对生，刺叶常 3 枚轮生，树龄越大，鳞叶越多。雌雄异株，球果近球形。

【习性、分布、用途】喜光，有一定的耐阴能力，喜温凉气候，对土壤要求不严，但以中性、深厚且排水良好处生长最佳。分布于华北各省、长江流域至两广北部及西南各省区。朝鲜、日本也有分布。树形优美，老树干枝扭曲，奇姿古态，自古以来多配置于庙宇陵墓作墓道树或柏林。耐阴性强且耐修剪，为优良的绿篱植物。现在欧美各国园林中广为栽培。材质优良，可制作高级家具。

其变种有：

（1）龙柏“Kaizuka” 树枝呈圆柱状，小枝密生，略扭曲上伸，全为鳞叶，密生，全株形如龙腾空，幼叶淡黄绿色，后呈翠绿色。

（2）金星柏（金叶桧）“Aurea” 小枝具刺叶与鳞叶，鳞叶金黄色。

（3）塔柏“Pyramidalis” 树冠圆柱形，枝向上直伸，密生。叶为刺形。

图 4-7-4　圆柏

A. 树形　B. 列植　C. 球果枝

图 4-7-4-1　龙柏

A. 树形　B. 树冠　C. 幼枝

5. 肖楠 *Calocedrus formosana*

【识别要点】常绿大乔木，树形为直干长圆锥状，树皮红褐色，刀切后会流出淡红色树脂。枝叶扁平，叶为鳞片状，细小，枝叶紧密排成一个平面，枝叶背面有白粉。雌雄同株，球果木质化，为长椭圆形，种子有两翅。

【习性、分布、用途】喜温湿气候，为台湾特有种，分布于台湾北部及中部山地，为台湾暖带林之主要造林树种。材质绵密，不易受白蚁蛀蚀，色泽偏黄褐色，为高级木材。与台湾扁柏、红桧、香杉、台湾杉等同列台湾针叶五木。本种与福建柏相似，但其鳞叶细小，顶钝，枝叶排列较紧密，白粉密集而呈块状分布，常成片脱落。

图 4-7-5 肖楠

A. 树干 B. 树冠 C. 侧枝白粉 D. 枝叶

G8 罗汉松科 Podocarpaceae

常绿乔木或灌木。叶螺旋状排列，稀对生。球花单性，雌雄常异株，球花顶生或腋生，雄蕊多数，各具二花药；雌球花由多数或少数苞片组成，仅部分或仅顶端苞片的腋部着生一胚珠，为囊状或杯状套被所包，少无套被。种子核果状或坚果状，全或部分为肉质或干薄的假种皮所包，苞片与球花轴合成肉质或干的种托。

18 属 130 种，分布于热带、亚热带及南温带地区，主产于南半球，我国有 4 属 12 种，产于长江以南。

1. 罗汉松（罗汉杉、土杉）*Podocarpus macrophyllus*

【识别要点】叶条状披针形，螺旋互生，先端尖，长 7～12 cm，宽 7～10 mm，两面中脉明显，无侧脉。雌雄异株，雄球花穗状，腋生，常 3～5 个簇生于极短的总梗上，雌球花单生叶腋。种子卵圆形，熟时假种皮紫黑色，被白粉，肉质种托肥大，成熟后深红色，着生于红色、肉质、圆柱形的种托上，宛若身披红色袈裟正在打坐的罗汉，惹人喜爱。

【习性、分布、用途】半阳性树种。产于我国长江流域以至华南、西南各地。播种繁殖。树形优美，四季常青，可孤植作庭荫树，或对植、散植于厅堂之前。

图 4-8-1　罗汉松

A. 植株　B. 幼枝　C. 球花　D. 种子

2. 竹柏（罗汉柴、猪油木、椰树）*Podocarpus nagi*

【识别要点】常绿乔木，高达 20 m，树冠圆锥形，树皮呈片状剥落。叶对生或近对生，卵形至椭圆状披针形，厚革质，叶长 3.5～9 cm，具多数平行纵脉，无中脉。雌雄异株，雄球花腋生呈分枝状。种子球形，单生叶腋，熟时紫黑色，有白粉。种托干瘦。

【习性、分布、用途】阴性树种，喜温暖环境。产于华东至西南各地。可作景观树、庭荫树、行道树。

图 4-8-2 竹柏

A. 树形 B. 大枝 C. 幼枝 D. 雄球花

3. 长叶竹柏 *Podocarpus fleuryi*

【识别要点】与竹柏的主要区别在于叶为宽披针形，长 8～18 cm，宽 2～5 cm。雄球花常 3～6 个簇生。种子球形有白粉。

【习性、分布、用途】耐阴树种，喜温湿，要求排水良好。产于我国南部，枝叶翠绿，四季常青，树形美观，作庭荫树、行道树。

图 4-8-3 长叶竹柏

A. 枝叶 B. 幼叶 C. 雄球花

4. 鸡毛松 *Dacrycarpus imbricatus*

【识别要点】常绿乔木，高达 30 m，枝叶开展或下垂，小枝密生、纤细。叶异型，钻状条形叶羽状二列，形似羽毛，鳞形及钻形叶螺旋排列。熟时假种皮红色，种托肉质红色。

【习性、分布、用途】喜温湿气候，生长缓慢，主产海南，广东、广西、云南有分布。国家二级重点保护树种，树干挺拔秀丽，可作华南地区园林绿化树。

图 4-8-4 鸡毛松

A. 树形 B. 树干 C. 枝叶

5. 陆均松 *Dacrydium pectinatum*

【识别要点】常绿乔木，高可达 30 m，大枝轮生，多分枝，小枝下垂，绿色。叶二型，幼树萌芽枝中较长，镰状锥形，老树及果枝的叶较短，锥形或鳞形，上弯，螺旋状排列。雄球花穗状，雌球花单生枝顶，无梗。种子卵圆形，假种皮红色。

【习性、分布、用途】大树喜光，适生于酸性山地黄壤。产于我国海南。树姿优美，树冠鲜艳，叶色翠绿供观赏。

6. 百日青 *Podocarpus neriifolius*

【识别要点】常绿大乔木，树皮薄鳞片状脱落，枝叶披展，排列密集。叶长披针形，革质，中脉明显，螺旋状互生。雌雄异株，种子坚果状，为肉质假种皮包围。

【习性、分布、用途】耐阴树种，喜肥沃、湿润的酸性土。分布于我国亚热带至热带地区，南达海南，西至西藏。树姿优美，供园林观赏，为我国重点保护植物。

图 4-8-5 陆均松

A. 树干 B. 树形 C. 幼枝 D. 老枝

图 4-8-6 百日青

A. 幼树 B. 幼枝 C. 老枝

G9 红豆杉科 Taxodiaceae

南方红豆杉 *Taxus chinensis*

【识别要点】常绿乔木，叶条形，排成疏羽状 2 列，平展，质地较薄，披针状线形，常呈弯镰状，边缘多少反卷，下面中脉带与气孔带同色。种子生于肉质杯状的假种皮中，卵圆形，成熟时假种皮红色。

【习性、分布、用途】喜光，喜温湿气候，生长缓慢，主产于我国南部。枝叶终年深绿，成熟的种子包藏于红色的假种皮内，鲜艳夺目，是庭园中不可多得的耐阴观赏树种。树皮可提取抗癌药。

图 4-9-1　南方红豆杉

A. 幼苗　B. 枝条　C. 着生种子的枝条　D. 成熟种子

G10 三尖杉科 Cephalotaxaceae

三尖杉 *Cephalotaxus fortune*

【识别要点】常绿乔木，高 10～20 m。树皮灰褐色至红褐色。小枝对生，冬芽顶生。叶螺旋状排成 2 列，线状披针形，微弯，下面气孔带白色。花单性异株，雄球花呈球形，具短柄，每个雄球花有 6～16 雄蕊，基部具 1 苞片，雌球花具长梗，生于枝下部叶腋，由 9 对交互对生的苞片组成，每苞片有 2 直立胚球。种子绿色，核果状，内种皮坚硬。

【习性、分布、用途】喜温湿，常生于海拔 2 700～3 000 m 的阔叶树、针叶树混交林中，在东部各省生于海拔 200～1 000 m 地带，在西南各省区分布较高，产于浙江、安徽南部、福建、江西、湖南等省区。具有驱虫、消积、抗癌的功能。用于咳嗽，食积，蛔虫、钩虫病。由于其叶、枝、种子及根等可提取多种植物碱，可治疗癌症（主要用于提炼高三尖杉酯碱治疗急性粒细胞性白血病），因而被过度利用，资源数量急剧减少，处于渐危状态。若不加以保护有可能进一步陷入濒危境地。国家重点保护树种。

图 4-10-1 三尖杉

A. 树干 B. 枝叶 C. 种子

G11 买麻藤科 Gnetaceae

买麻藤 *Gnetum parvifolium*

【识别要点】常绿木质大藤本，茎节呈膨大关节状。单叶对生，叶多矩圆形，革质或半革质，叶脉羽状。花单性，雌雄异株，雄球花序圆柱形，雌球花单生或数个丛生，具总苞，种子矩圆形。

【习性、分布、用途】喜温湿气候，不耐寒，适应性强，在荒山密林中均可生长。分布于云南、广西、广东。叶色青翠，是良好的垂直绿化植物。

图 4-11-1 买麻藤

A. 老枝 B. 幼枝条 C. 球果枝

项目5 被子植物树木识别

被子植物

【项目描述】

被子植物是植物界中最进化，分化程度最高，结构最复杂，适应性最强，经济价值最大的高等植物类群。全世界约有427科25万种，最早出现在中生代的侏罗纪，自白垩纪末期及第三纪繁衍极盛，今已成为最占优势的类群。我国有约277科2 600余属3万余种，其中木本植物约8 000种，乔木约3 000种。由于我国华南地区被子植物种类丰富，特别是木本植物种类繁多，本项目主要介绍华南地区林业和园林生产上常用的木本被子植物约400种，多数为双子叶植物纲。

【知识目标】

1. 掌握被子植物的主要特征，以及双子叶植物与单子叶植物的主要区别。
2. 掌握双子叶植物与单子叶植物的特点及其主要科：木兰科、樟科、茶科、桃金娘科、蔷薇科、大戟科、豆目三科、夹竹桃科、木犀科、壳斗科、芸香科、楝科、紫葳科、马鞭草科、棕榈科、禾本科的主要特点。

【技能目标】

识别华南地区林业和园林生产上常用的木本被子植物约400种，掌握其形态特征、习性、用途。

被子植物又称为有花植物，其多为木本或草本。叶多宽阔。木质部有导管和管胞，韧皮部有筛管和伴胞。具典型的花和双受精现象，胚珠为子房所包被，形成的种子为果实所包被。胚具子叶1～2枚。

被子植物之所以能取代裸子植物原有的地位，是因为它与裸子植物相比，有以下客观的优势：输导组织更加完善，木质部中具有导管，韧皮部中有筛管，同时具有真正的花；胚珠包被于子房，子房发育成果实，胚珠发育为种子，而且具有特殊的双受精作用，能产生三倍体的胚乳。

任务1 双子叶植物纲 Dicotyledoneae

多为直根系，茎中有形成层，叶脉通常网状，花通常4～5基数，种子的胚常具子叶2片。

共 344 科约 20 万种，我国 204 科 2 390 属约 2 万种。

G1 木兰科 Magnoliaceae

落叶或常绿，乔木或灌木，体内具芳香油，叶、花均有香气，枝有托叶环痕。单叶互生，全缘，稀分裂，羽状脉，托叶大，包被幼芽，早落，在枝上留有环状托叶痕。花大，顶生或腋生，常两性，花被 6～9 枚，同型、多数、离生，每轮 3～4 枚；雄蕊及心皮多数、离生、螺旋排列在伸长的花托上，雌蕊群排列在上面，雄蕊群在下面。聚合蓇葖果，种子悬挂在丝状的珠柄上，有丰富的胚乳。

约 13 属 250 种，产于热带和亚热带；我国有约 11 属 90 种，主产于东南至西南，以云南、广东、福建等为多。

1. 白兰 *Michelia alba*

【识别要点】常绿乔木，高可达 17 m，树皮灰色。幼枝和芽密生淡黄白色柔毛，具托叶环痕。叶薄革质，互生，长椭圆形或披针状椭圆形，先端长渐尖，基部楔形，全缘，下面被疏柔毛；托叶痕不及叶柄长的 1/2。花单生叶腋，白色，极香；花被片 10 片以上，披针形；雄蕊多数；柱状花托常从基部折断，致不育。果罕见。

【习性、分布、用途】喜光，喜温湿多雨及肥沃疏松的酸性土壤，不耐寒和干旱，生长快，寿命长，华南地区常见观赏植物。花色洁白，花香浓郁，名贵香花树种，宜做行道树。

图 5-1-1 白兰

A. 树形 B. 花枝 C. 侧枝 D. 花

2. 黄兰 *Michelia champaca*

【识别要点】常绿乔木，高达 20 m。叶片薄革质，托叶痕大于叶柄长的 1/2 以上。花橙黄色，极香。蓇葖果倒卵状矩圆形。种子 2～4 粒，红色，有皱纹。花期 6—7 月，果期 9—10 月。

【习性、分布、用途】喜温暖湿润，阳光充足，忌积水。分布于我国云南，在长江以南各地均有栽培。黄兰花香味比白兰花更浓，是佛教“五树六花”之一。在南方地区多种植于园林或庭园，在北方常作盆栽观赏。

本种与白兰相似，但叶色黄绿，背被茸毛，托叶痕几达叶柄顶端，花橙黄色，极香，可结果而区别之。

图 5-1-2　黄兰

A. 树形　B. 枝叶　C. 花　D. 果枝

3. 乐昌含笑 *Michelia chapensis*

【识别要点】常绿乔木，嫩芽被灰色微毛，枝叶香味极浓，小枝无毛，灰白色皮孔明显。叶倒卵形或长圆状倒卵形，薄革质，深绿色，有光泽，边缘波状，叶柄上无托叶痕，有张开的纵沟。花淡黄色，芳香。聚合蓇葖果。种子红色，卵形或长圆状卵圆形。但在广东不结果也不产生种子。

【习性、分布、用途】喜温暖湿润气候，生长快，在广东只能营养繁殖。分布于我国江西、湖南、广东、广西、贵州等地。树姿挺拔，花香浓郁，可孤植或丛植于园林中，也可作行道树，近年来在深圳、广州等地园林大量推广使用，花可制茶。

图 5-1-3 乐昌含笑

A. 树形 B. 树冠 C. 叶正面 D. 叶背面

4. 火力楠（醉香含笑）*Michelia maccluurei*

【识别要点】常绿乔木。芽、幼枝、幼叶、叶柄及花梗、叶背面均被锈色茸毛，老叶背面灰白色；叶柄长，上无托叶痕；叶厚革质，阔椭圆形或卵状椭圆形。花期 5—6 月，果期 10—11 月。

【习性、分布、用途】喜湿润，耐火，抗风，萌芽力强。产于两广。树形优美，供庭园观赏。优良家具，建筑材，二类商品材。

图 5-1-4 火力楠

A. 树干 B. 叶背面 C. 叶正面

5. 金叶含笑 *Michelia foveolata*

【识别要点】常绿乔木，树皮光滑不裂，枝托叶环痕明显。芽、幼枝、叶柄、叶背、花梗密被赤铜色短茸毛，叶长圆状披针形，叶背金黄色，中脉明显。

【习性、分布、用途】喜温湿，产于广东、广西、湖南、江西、云南等，主要作为绿化树、观叶树。

图 5-1-5　金叶含笑

A. 树形　B. 叶背面　C. 侧枝　D. 花枝

6. 深山含笑 *Michelia maudiae*

【识别要点】常绿乔木。树干通直，植株各部无毛。叶革质，长圆形至倒卵状长圆形，叶柄上无托叶痕，叶表亮绿，叶背具白粉。

【习性、分布、用途】喜温湿，产于广东。用作绿化树。

图 5-1-6　深山含笑

A. 树形　B. 叶正背面

7. 石碌含笑 *Michelia shiluensis*

【识别要点】常绿乔木，顶芽被橙黄色或灰色有光泽的柔毛，小枝、叶、叶柄均无毛。叶革质，稍厚而坚硬，倒卵状楔形或倒卵状长圆形，背面粉绿色，网脉较细，叶柄上无托叶痕。花纯白色。花期4—5月，果期6—8月。

【习性、分布、用途】喜温湿，产于广东省南部。树冠卵形，枝叶稠密，树形优美，为优良的庭园及行道树种。国家二级重点保护树种。

图5-1-7 石碌含笑

A. 树形 B. 枝叶 C. 花

8. 含笑 *Michelia figo*

【识别要点】常绿灌木或小乔木。芽、幼枝、叶柄、花梗均被锈色茸毛。叶柄极短，托叶痕几达叶柄顶端。花淡乳黄色，边缘带紫晕，具香蕉之浓香。花期3—5月，果期7—8月。

【习性、分布、用途】喜半阴，不耐暴晒和干燥，对Cl_2有较强抗性。以扦插繁殖为主。产于华南，长江流域以南各地有栽培。著名香花树种，供庭园绿化，花可薰茶和提制香料。诗云“花开不张口，含羞又低头。拟似玉人笑，深情暗自流。”又云“一点瓜香破醉眠，误他酒客枉流涎。”

图 5-1-8 含笑

A. 植株 B. 侧枝 C. 花蕾 D. 花

9. 荷花玉兰（广玉兰、洋玉兰）*Magnolia grandiflora*

【识别要点】常绿乔木，树冠卵形。小枝、芽、叶柄、叶背及果均被褐色茸毛，叶长椭圆形，革质，厚，背面有褐色柔毛。花芳香，白色，呈杯状，开时形如荷花。聚合果圆柱状卵形，种子红色。花期 5—6 月，果期 9—10 月。

【习性、分布、用途】喜光，喜温暖湿润气候，有一定的抗寒能力。原产于北美洲东南部，我国长江流域以南各城市有栽培。树形优美，作庭园树及行道树。抗烟尘，对有毒气体的抗性强。花可制茶，果可入药。

10. 紫玉兰（辛夷、木兰）*Magnolia liliflora*

【识别要点】落叶灌木，高达 5 m，多丛生。小枝红褐色，叶椭圆状倒卵形，先端短尖或渐尖，下面沿叶脉被毛。花外面紫红色，内面白色，先叶开放。

【习性、分布、用途】喜光，不耐阴，产于长江流域及云南。供观赏，可作白兰砧木。为我国传统的花木，花可入药。

11. 玉兰（木兰）*Magnolia denudata*

【识别要点】落叶乔木。小枝灰褐色。叶宽倒卵形，先端突尖，下面有疏毛。花白色，芳香，花被片 9，白色，基部常带粉红色，2—3 月先叶开放，单生枝顶。聚合蓇葖果厚木质，褐色，具白色皮孔。花期 2—3 月，果期 8—9 月。

图 5-1-9 荷花玉兰

A. 树形 B. 枝叶 C. 花 D. 果实

图 5-1-10 紫玉兰

A. 树形（花期） B. 树形（开花后） C. 果枝

【习性、分布、用途】喜光，喜肥沃湿润的酸性土壤，稍耐寒，较耐干旱，萌芽力强。分布于我国长江以南及西南地区，现全国各地有栽培。叶形奇特，秋叶艳黄，十分美丽，花如金盏，古雅别致，是优良的行道树和庭荫树。

图 5-1-11 玉兰

A. 树形（花期） B. 花

12. 鹅掌楸（马褂木）*Liriodendron chinense*

【识别要点】落叶乔木。树冠圆锥形。单叶，互生，叶马褂形，叶端常截形，两侧各有一凹裂，叶背密生白粉状突起，无毛。花黄绿色，杯状，花被片 9，聚合具翅的小坚果。花期 5 月，果期 10 月。

【习性、分布、用途】喜光及温和湿润气候，具一定的耐寒性，可耐 −15℃的低温。分布于我国长江以南各省山区，现各地广泛栽培。叶形奇特，是优美的庭荫树和行道树。

图 5-1-12 鹅掌楸

A. 树干及萌芽枝 B. 树形 C. 花枝 D. 果枝

13. 海南木莲 *Manglietia hainanensis*

【识别要点】常绿乔木。叶倒卵形或狭倒卵形，长 10～20 cm，叶柄上之托叶痕极短，呈半椭圆形。外轮花被片阔卵形，淡绿色。蓇葖果顶端无喙。

【习性、分布、用途】喜光，适生于酸性土，特产于海南，广东可栽培。主要作绿化观赏树。材质优良。

图 5-1-13 海南木莲

A. 树形 B. 枝叶

14. 毛桃木莲 *Manglietia moto*

【识别要点】常绿乔木。新枝、芽、叶背、叶柄、花蕾、花梗密被锈色茸毛，果外面有瘤点，无毛，果梗较长。

图 5-1-14 毛桃木莲

A. 树形 B. 侧枝 C. 叶背面 D. 叶正面

【习性、分布、用途】稍耐阴，喜温湿气候，播种繁殖，分布于湖南和广东。花大芳香，可制茶，作绿化树。

15. 观光木 *Tsoongiodendron odorum*

【识别要点】常绿乔木，小枝、芽、叶柄、叶背和花梗均被黄棕色糙状毛。叶倒卵状椭圆形，托叶痕几达叶柄中部。花形状与含笑相似，但更香于含笑，花被带有紫色斑点。聚合果长椭圆形，悬垂于老枝上。花期 2—3 月，果期 9—10 月。

【习性、分布、用途】幼树忌强光，成年树喜光，稍耐阴；喜温暖湿润气候和肥沃的酸性土壤。播种和嫁接繁殖。产于广东、福建、江西和广西。我国特产，国家二级重点保护树种。树冠稠密，花香四溢。宜作庭园观赏和行道树。

图 5-1-15　观光木

A. 树形　B. 叶正面　C. 叶背面　D. 果实与种子

16. 夜合 *Magnolia coco*

【识别要点】常绿灌木或小乔木，高 2～4 m，全株各部无毛，树皮灰色。小枝绿色，平滑，稍具角棱而有光泽，枝托叶环痕明显。单叶互生，叶革质，叶柄常弯曲，有托叶痕，叶椭圆形，表面光亮。花下垂，白色，径 3～4 cm，有浓香，夜间尤甚。花期长，从夏季一直到秋季，种子秋季成熟。

【习性、分布、用途】喜温暖湿润和半阴半阳环境，耐阴，怕烈日曝晒，要求肥沃、疏松和排水良好的微酸性土壤，冬季温度不低于 5℃。原产于我国的南部及越南，在亚洲热带地区普遍栽培，为著名的香花植物。夜合树姿小巧玲珑，夏季开出绿白色球状小花，昼开夜闭，幽香清雅，在南方常配植于公园和庭园中，南京地区常盆栽观赏，用它点缀客厅和居室。

图 5-1-16 夜合

A. 植株 B. 花

17. 灰木莲 *Magnoliaceae glanca*

【识别要点】常绿乔木，树冠伞形美观，树干通直、平滑、不开裂。大枝常近轮生于树干，层次明显，整齐美观，枝叶茂盛、光亮。叶长椭圆形，有香味，中脉在叶背明显，羽状侧脉不明显，全缘，两面光滑，枝具托叶环痕。花大清香，似白玉兰花，花期长。2—3月开花，9—10 月种子成熟，果实由浅绿色变为黄绿色。

【习性、分布、用途】适生于南亚热带，喜暖热气候，不耐干旱，能耐短期 −2℃的低温。分布于海拔 800 m 以下丘陵平原，喜土层深厚、疏松、湿润的赤红壤和红壤，幼龄期稍耐阴，中龄后偏阳，深根性树种。原产于越南及印度尼西亚，我国广东、海南和广西栽培。为国家重点保护树种，对研究木兰科的系统演化、探讨被子植物的起源有着极其重要的地位，在园林上因其干形通直，树姿优美，花果华丽，极具观赏价值。

图 5-1-17 灰木莲

A. 树形 B. 树干 C. 大枝 D. 花

G2 番荔枝科 Annonaceae

乔木、灌木或攀缘灌木，常绿或落叶，木质部通常有香气。单叶互生，全缘，羽状脉，无托叶。花常具芳香，辐射对称，通常两性，稀单性，单生或组成花序，簇生，萼片 3，花瓣 6 枚，2 轮，花托常隆起，雄蕊多数，螺旋状排列，常有突出的药隔，雌蕊 1 至多数，分离。蓇葖果或聚合浆果，常具长柄。种子有假种皮，胚乳丰富。分布于热带及亚热带南部。我国有 22 属 114 种，主要分布于南部至西南部。

1. 番荔枝 *Annona squamosa*

【识别要点】落叶小乔木，高 3～5 m。树皮薄，灰白色，多分枝。叶 2 列，纸质，椭圆形或椭圆状披针形，叶背苍白绿色，羽状脉，侧脉下面凸起。花单生或 2～4 朵聚生于枝顶或与叶对生，绿黄色，下垂。聚合浆果黄绿色，长圆形，有瘤状凸起，被白霜，易分离。果期 6—11 月。

【习性、分布、用途】喜光、温暖湿润气候、土层深厚肥沃的土壤，原产于热带美洲，现分布于我国南部，多栽培。著名热带果树，供观赏和食用。

图 5-2-1　番荔枝

A. 枝叶　B. 果实

2. 刺果番荔枝 *Annona muricata*

【识别要点】常绿乔木，高达 8 m，树皮粗糙。叶互生，2 列，椭圆形，叶面翠绿色而有光泽，中脉有黄色腺点。果卵圆状，深绿色，有刺。

【习性、分布、用途】喜温湿，中国台湾、广东、广西和云南等省区栽培。果实硕大而有酸甜味，可食用，木材可作造船材。

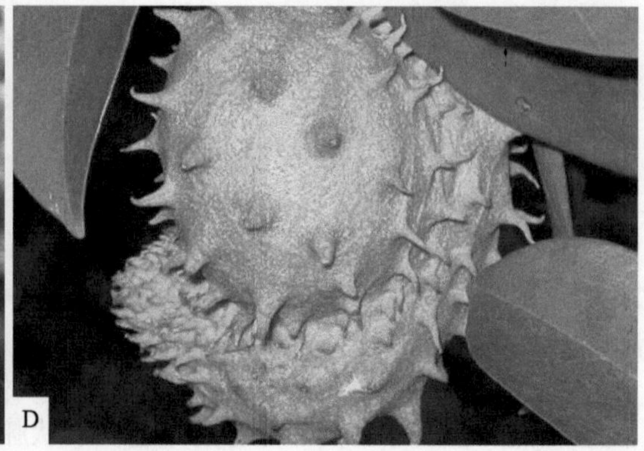

图 5-2-2　刺果番荔枝

A. 树干　B. 枝叶　C. 花　D. 果实

3. 牛心果 *Annoa glabra*

【识别要点】常绿小乔木，高达 10 m。枝有皮孔，常紫褐色，幼枝常青绿色，光亮，老枝上叶柄与枝条界线分明。叶卵圆至长圆形或椭圆形，互生，排成 2 列，平滑，上有光泽；侧脉两面凸起，网脉明显。花橙黄色，芳香。果牛心状，无刺。花期 5—6 月，果期 8 月。

【习性、分布、用途】喜温湿，原产于热带美洲，我国分布于广东、广西、湖南、江西、云南等。为热带果树，供食用。

图 5-2-3　牛心果

A. 枝叶　B. 果枝　C. 果实

4. 垂枝暗罗 *Polyalthia longifolia*

【识别要点】常绿小乔木，株高可达 8 m。主干明显，枝叶茂密、柔软并下垂，树冠整洁美观，呈锥形或塔状。枝条细长，下垂。叶互生，狭披针形，叶缘波状。3 月中旬开花，花黄绿色，味清香。

【习性、分布、用途】喜温湿，原产于印度。现广东栽培用于森林城市建设，主要作绿化树。

图 5-2-4 垂枝暗罗

5. 银钩花 *Mitrephora thorelii*

【识别要点】常绿乔木或小乔木，树皮灰黑色至深灰黑色，韧皮部淡赭色，略有香甜气味。小枝密被锈色茸毛，老渐无毛，灰黑色。叶近革质，卵形或长圆状椭圆形，顶端短渐尖，基部圆形；叶面除中脉外无毛，有光泽；叶背被锈色长柔毛，沿中脉上更密；中脉上面凹下，下面凸起，被锈色长柔毛；侧脉每边 8～14 条，上面凹陷，下面凸起，网脉扁平；叶柄粗壮，密被锈色茸毛。花淡黄色，果卵状或近圆球状，果柄长，密被茸毛。

【习性、分布、用途】喜湿热环境。我国主要分布于海南和广西，越南、老挝、柬埔寨、泰国亦有分布。材质坚实，宜供建筑、家具之用。花芳香，可提制香料，亦适于作车辆和建筑用材。

图 5-2-5 银钩花

A. 树形 B. 枝干 C. 侧枝 D. 叶背面

G3 八角科 Illiciaceae

八角 *Illicium verum*

【识别要点】常绿小乔木，高 10～15 m。树冠塔形，椭圆形或圆锥形。树皮深灰色，枝密集。叶不整齐互生，在顶端 3～6 片近轮生或松散簇生，革质或厚革质，倒卵状椭圆形、倒披针形或椭圆形。花粉红至深红色，单生叶腋或近顶生。聚合果梗长 20～56 mm，饱满平直，多由 8 个蓇葖果组成，呈八角形，先端钝或钝尖。

【习性、分布、用途】喜冬暖夏凉的山地气候，适宜种植在土层深厚、排水良好、肥沃湿润、偏酸性的沙质壤土，分布于南亚热带。果为著名的调味香料，也供药用。果皮、种子、叶都含芳香油，是制造化妆品、甜香酒、啤酒和食品工业的重要原料。

图 5-3-1 八角

A. 树形 B. 枝叶 C. 果实

G4 樟科 Lauraceae

乔木或灌木，叶片和树皮均有油细胞，常有樟脑味或桂油味，或有黏液细胞，有香气。单叶互生，稀对生或轮生，全缘，稀分裂，三出脉或羽状脉，无托叶。花小，整齐，两性或单性，圆锥花序、总状花序或丛生花序，单被花，花被片 6，2 轮，雄蕊 3～4 轮，每轮 3，第 4 轮雄蕊通常退化。子房上位，1 室，具 1 胚珠。核果或浆果。种子无胚乳。

共 45 属，主产于东南亚和巴西。我国有 24 属约 430 种，多产于南部温暖湿润地区，为我国南部常绿阔叶林的主要森林树种。

1. 樟树 *Cinnamomum camphora*

【识别要点】乔木，高达 50 m。叶卵形至椭圆形，下面微被白粉，离基三出脉，脉腋有腺体。圆锥花序生于新枝叶腋，花小，淡黄绿色。浆果近球形，熟时紫黑色。花期 4—5 月，果期 8—11 月。

【习性、分布、用途】喜光，喜温湿气候，主产于长江流域以南。一类商品材。木材可提取樟油、樟脑，供医药化工、香料、农药等用。作行道树、庭荫树、风景林及防护林树种。

图 5-4-1 樟树

A. 植株 B. 枝叶 C. 叶背与花序 D. 果序

2. 黄樟 *Cinnamomum porrectum*

【识别要点】树皮暗灰褐色，上部为灰黄色，深纵裂，内皮带红色，具有樟脑气味。枝条粗壮，圆柱形，绿褐色。顶芽卵形，覆有圆形鳞片，被绢状毛。叶互生，革质，通常椭圆卵状至长椭圆卵形。花小，绿带白色。果球形。本种与樟树相似，但叶为羽状脉，樟脑味较淡，脉腋腺点较少。花期 3—5 月。

【习性、分布、用途】喜温暖湿润气候及酸性土，幼树耐阴，生长快，萌芽性强。主要分布于我国南部，常作庭荫树。

图 5-4-2 黄樟

A. 植株 B. 树冠 C. 幼枝 D. 老枝

3. 阴香 *Cinnamomum burmannii*

【识别要点】常绿乔木，树高达 20 m。树皮灰褐色，平滑，枝叶揉碎有近似肉桂香味。叶革质，近对生，长椭圆形或卵形，下面苍白色，离基三出脉，脉腋无腺体。圆锥花序，果卵形。

【习性、分布、用途】喜光，稍耐阴，喜温暖湿润气候，产于福建、江西、浙江、贵州、云南、海南及两广。木材供细木工用，二类商品材。树皮、枝叶可提取芳香油。树冠

图 5-4-3 阴香

A. 树形 B. 树冠 C. 枝叶 D. 花序

浓密，对有毒气体均有较强抗性，为理想的抗污染树种。广州、南宁作行道树。

4. 兰屿肉桂（平安树）*Cinnamomum kotoense*

【识别要点】常绿小乔木，枝叶有肉桂香味。叶厚革质，卵圆形至长圆状卵圆形，两面无毛，离基三出脉。果卵球形。

【习性、分布、用途】喜温湿，原产于我国台湾兰屿地区，分布于广东、广西、湖南、江西、云南等。为热带食用植物。

图 5-4-4　兰屿肉桂

A. 树形　B. 枝叶　C. 三出脉

5. 假柿树 *Litsea monopetala*

【识别要点】常绿大乔木，高可达 30 m。幼枝、叶下面及花序均有锈色短柔毛。叶常倒卵形，先端圆钝，侧脉平行，上面凹下，背面显著凸起，小横脉近平行。雌雄异株，伞形花序簇生叶腋，花序梗短。果长卵形至椭圆形。

【习性、分布、用途】喜光，生长快。产于两广及云南，东南亚及印度也有分布。为优良的抗污染树种。

图 5-4-5 假柿树

A. 树形 B. 树冠 C. 侧枝 D. 叶形

6. 潺槁树 *Litsea glutinosa*

【识别要点】常绿灌木或小乔木，高 3～15 m。叶常倒卵形，揉烂有浓香并具黏液。嫩枝、叶、叶柄、花序被柔毛，叶革质，椭圆形，羽状脉，无毛。雌雄异株，伞形花序生于枝端叶腋，单生或成复伞形花序。核果球形。

【习性、分布、用途】树冠浓荫，适应性强，粗生易长。产于两广、云南和福建。为优良水土保持树种，亦可作园景树。木材耐腐，作家具用；树皮和木材含胶质，可作黏合剂；根皮及叶入药，清湿热，消肿毒；种子榨油供制皂和硬化油。

图 5-4-6 潺槁树

A. 树形 B. 枝叶 C. 花枝 D. 果实

7. 油梨 *Persea americana*

【识别要点】常绿乔木，高约 10 m。枝叶有香气，单叶互生，叶革质，长椭圆形、椭圆形、卵形或倒卵形，下面稍苍白，中脉及侧脉下面均凸起。圆锥花序顶生，花淡绿色或带黄色。浆果梨形，长达 8～18 cm，可食用。花期 3—5 月，果期 8—9 月。

【习性、分布、用途】喜光，喜土层肥厚土壤，产于热带美洲，华南引栽。树冠浓密整齐，粗生易长，供观赏及食用。

图 5-4-7 油梨

A. 枝叶 B. 果枝 C. 果实 D. 果实内部

8. 香叶树 *Lindera communis*

【识别要点】常绿灌木或小乔木，树皮淡褐色。枝条纤细，平滑，具纵条纹，绿色，干时棕褐色，或疏或密被黄白色短柔毛，基部有密集的芽鳞。单叶互生，常排列密集，叶细卵形，革质，叶背灰白色，顶钝尖。果卵形，熟时红色。

【习性、分布、用途】喜酸性土壤，生长于丘陵和山地下部的疏林中，耐修剪。植物的枝叶或茎皮可供药用，具有解毒消肿、散瘀止痛之功效，民间用于治疗跌打损伤及牛马癣疥等。此外，植物的叶和果可提取芳香油。

图 5-4-8 香叶树

A. 树形 B. 树冠 C. 枝叶正面 D. 枝叶背面

9. 中华楠（华润楠）*Machilus chinensis*

【识别要点】常绿乔木，高约 20 m，枝叶无毛。芽细小，具鳞片。单叶互生，羽状脉，叶表面亮绿，叶倒卵状长椭圆形至长椭圆状倒披针形，先端钝或短渐尖，中脉在上面凹下，下面凸起，侧脉不明显。圆锥花序顶生，果球形，花期 11 月，果期翌年 2 月。

【习性、分布、用途】生于山坡阔叶林中，喜阴湿。产于我国南部，是常绿阔叶

图 5-4-9 中华楠

林的重要树种。木材优良，可制家具。

10. 毛黄肉楠（黄毛楠）*Actinodaphne pilosa*

【识别要点】常绿乔木或小乔木，高可达 15 m，枝有棕色茸毛。叶互生，常 3 或 5 片近轮生；叶片革质，倒卵形至椭圆形，长 12～20 cm，宽 5～12 cm，先端急渐尖，基部急尖，新叶两面有红棕色茸毛，老叶上面光亮，下面有锈色毛；中脉及侧脉上面稍凸起，下面明显凸起。雌雄异株，伞形花序腋生，果球形。

【习性、分布、用途】生于山坡阔叶林中，喜阴湿。产于我国南部，木材具胶质，树皮药用。

图 5-4-10　毛黄肉楠

A. 树形　B. 树干　C. 幼叶　D. 枝叶

11. 肉桂 *Cinnamomum cassia*

【识别要点】常绿乔木，树高可达 15 m，树皮黄褐色，片状剥落。幼枝四棱形，叶椭圆形，单叶互生或近对生，长椭圆形，下面淡绿色，被柔毛，三出脉，厚革质。果椭圆形，黑紫色。

【习性、分布、用途】喜暖热气候，福建、台湾、云南及华南广为栽培。为重要香料树种，树皮供药用及香料用，中药称桂皮，可治腹痛、感冒，有理气作用，枝叶可提取芳香油。

图 5-4-11 肉桂

A. 树形 B. 大枝 C. 侧枝 D. 幼叶

G5 酢浆草科 Oxalidaceae

阳桃 *Averrhoa carambola*

【识别要点】常绿乔木，高达 12 m。幼枝被柔毛，有小皮孔。单数羽状复叶互生，小叶 5～11，卵形至椭圆形，长 3～6.5 cm，宽 2～3.5 cm，叶下面被疏柔毛。花序圆锥状；花小，白色或淡紫色，近钟形；萼片 5，红紫色；花瓣 5，倒卵形；雄蕊 10，5 个较短且无花药。浆果卵形或矩圆形，淡黄绿色，表面光滑，具 5 翅状棱角。

【习性、分布、用途】喜光、温湿气候和偏酸性土，产于云南、广西、广东、福建、台湾。为优良的庭园绿化树种，观赏与实用均宜，多栽培于园林或村旁。果可药用，能生津止渴，治风热；叶有利尿、散热毒、止痛、止血之效。

图 5-5-1 阳桃

A. 树形 B. 复叶 C. 花序 D. 果实

G6 千屈菜科 Lythraceae

1. 紫薇 *Lagerstroemia indica*

【识别要点】落叶灌木或小乔木，高可达 7 m。树冠不整齐，枝干多扭曲；老树皮呈长薄片状，剥落后平滑细腻；小枝略呈四棱形，常有狭翅。叶椭圆形至倒卵形，几无柄。花序顶生，呈红、紫、堇白等色，花瓣顶端皱波状，基部具长爪。果 6 瓣裂。花期 6—9 月，果期 8—10 月。

【习性、分布、用途】喜光，稍耐阴，不耐寒。华东、华中、华南、西南均有分布。为优良的观花树种。对多种有毒气体有较强的抗性和吸收能力，且对烟尘有一定的吸附力。亦可制作盆景和桩景。

图 5-6-1 紫薇

A. 树形（花期） B. 树干 C. 花序 D. 果枝

2. 大叶紫薇 *Lagerstroemia speciosa*

【识别要点】落叶大乔木，树高 6～15 m，干直立，树皮黑褐色，分枝多，枝开展，圆伞形。叶大，长 10～70 cm，有短柄。单叶对生或近对生，椭圆形、长卵形至长椭圆形，先端锐，全缘。圆锥花序顶生，花紫色，花大，花萼有棱槽及鳞片状柔毛，萼筒有 12 条纵棱，花瓣 6 枚，淡紫色，边缘呈不齐波状。蒴果圆球形，秋季成熟，成熟时茶褐色。花期 5—8 月。

【习性、分布、用途】喜暖热气候，很不耐寒。分布于东亚南部，我国主产于华南。花期长，花广而大，艳丽夺目，为优美的观花树种。

图 5-6-2 大叶紫薇

A. 树形 B. 秋叶 C. 花序 D. 果枝

3. 多花紫薇 *Lagerstroemia floribunda*

【识别要点】落叶灌木或小乔木，高可达 7 m。树冠不整齐，枝干多扭曲；树皮呈长块状剥落；小枝略呈之字形。单叶互生，叶长椭圆形，全缘，薄革质，叶柄极短。花序顶生圆锥状，红色。蒴果。

【习性、分布、用途】喜光，不耐寒。华南、西南均有分布。且对烟尘有一定的吸附力，亦可制作盆景和桩景。

G7 山龙眼科 Proteaceae

1. 银桦 *Grevillea robusta*

【识别要点】常绿乔木。树冠圆锥形，小枝、芽及叶柄均密被锈色茸毛。叶互生，二回羽状深裂，裂片披针形，边缘显著背卷，背面密被银灰色绢毛。总状花序，花橙黄色，花偏于一侧，无花瓣，萼片 4。蓇葖果有细长的宿存花柱。花期 5 月，果期 7—8 月。

【习性、分布、用途】喜光，喜温暖气候。原产于澳大利亚，我国东南、中南、西南、华南等省区有引栽。树干通直，冠大整齐，初夏有橙黄色花序，颇为美观。宜作行道树。对 HF、Cl_2 的抗性较强，而对 SO_2 的抗性较差。

图 5-7-1 银桦

A. 树干 B. 树形 C. 侧枝 D. 花序

2. 红花银桦 *Grevillea banksii*

【识别要点】常绿小乔木，树高可达 5 m，幼枝有毛。叶互生，一回羽状裂叶，小叶线形，叶背密生白色茸毛。春至夏季开花，总状花序，顶生，花色橙红至鲜红色。蓇葖果歪卵形，扁平，熟果呈褐色。花、叶均美观。

【习性、分布、用途】喜光，喜温暖气候。原产于澳大利亚东部。现广泛种植于世界热带、暖亚热带地区。我国南部、西南部地区有栽培。主要用于观花。

图 5-7-2 红花银桦

A. 植株 B. 花序

G8 石榴科 Punicaceae

石榴 *Punica granatum*

【识别要点】落叶乔木或灌木。单叶，通常对生或簇生，无托叶。花红色，顶生或近顶生，单生或几朵簇生或组成聚伞花序，浆果球形，顶端有宿存花萼裂片，果皮厚。种子多数球形。

图 5-8-1 石榴

A. 植株 B. 花 C. 果实

【习性、分布、用途】喜光，耐寒，耐旱，对土壤要求不严，全球分布，性味甘、酸涩、温，具有杀虫、收敛、涩肠、止痢等功效。

G9 五桠果科 Dilleniaceae

1. 大花五桠果 *Dillenia turbinata*

【识别要点】常绿乔木。嫩枝粗壮，有褐色茸毛；老枝秃净，干后暗褐色。叶革质，长椭圆形，两面粗糙，边缘有芒齿，先端渐尖，基部楔形；中脉在背面明显突起，侧脉细密近平行，直伸达齿尖；幼嫩时上下两面有柔毛，老叶上面变秃净，干后稍有光泽，下面被褐色柔毛。果实近于圆球形，不开裂，暗红色。

【习性、分布、用途】喜阴湿环境，常生于华南地区密林中。树姿优美，树冠开展，叶色翠绿，具有极高的观赏价值。

图 5-9-1 大花五桠果

A. 树干 B. 枝叶 C. 花枝 D. 果枝

2. 大花第伦桃 *Dillenia indica*

【识别要点】常绿乔木，树皮红褐色，平滑，薄片状脱落。嫩枝粗壮，有褐色柔毛，老枝秃净，有明显的叶柄痕迹。叶薄革质，矩圆形或倒卵状矩圆形，先端近于圆形，基部广楔形，叶缘有锯齿，齿端有芒刺；羽状脉，中脉在叶背突起，侧脉多而密集，近平行。果实圆球形，不裂开，具肥厚的宿存萼。

【习性、分布、用途】喜生于山谷溪旁水湿地带，我国华南地区栽培作观赏树，果实极少采食。

图 5-9-2 大花第伦桃

A. 树形 B. 枝叶 C. 花 D. 果实

G10 瑞香科 Thymelaceae

土沉香 *Aquilaria sinensis*

【识别要点】常绿乔木，树皮暗灰色，几平滑。小枝圆柱形，具丰富的纤维，有皱纹，幼时被疏柔毛，后逐渐脱落，无毛或近无毛。叶革质，椭圆形或长圆形，上面暗绿色或紫绿色，光亮，下面淡绿色，两面均无毛，侧脉纤细，近平行，密集，每边 15～20，在下面更明显。花芳香，黄绿色，组成伞形花序。蒴果。

【习性、分布、用途】喜半阴，喜温暖气候，耐寒力差，原产于我国南部，多生于山地雨林或半常绿季雨林中。是中国特有而珍贵的药用植物，为国家Ⅱ级重点保护野生植物。该植物老茎受伤后所积得的树脂，俗称沉香，为治胃病特效药。此外，还可以作香料原料，提取芳香油等。

图 5-10-1　土沉香

A. 植株　B. 叶正面　C. 花枝　D. 果枝

G11 天料木科 Samydaceae

母生 *Homalium hainanensis*

【识别要点】常绿大乔木，树皮灰色，不裂或斑块状。侧枝常与主干垂直，小枝圆柱形，无毛，有槽纹。单叶互生，叶片革质，先端短渐尖，基部楔形或宽楔形，两面无毛，边缘有细锯齿。总状花序，淡红色。蒴果倒圆锥形，6 月至翌年 2 月开花，10—12 月结果。

【习性、分布、用途】喜温热，原产于我国海南，现云南、广西、湖南、江西、福建等省区有栽培。生于海拔 400～1 200 m 的山谷密林中，木材优良，为海南著名木材，结构细密，纹理清晰，是建筑及桥梁和家具的重要用材。

图 5-11-1　母生

A. 树形　B. 树干　C. 枝叶

G12 山茶科 Theaceae

多常绿木本。单叶互生，常有锯齿，叶面厚而发亮，羽状侧脉末端相连成峰峦状（有时不止一层），无托叶。花两性，单生或簇生于叶腋，稀排成聚伞或圆锥花序；花 5 基数，花萼常宿存，花瓣 5，雄蕊多数成数轮，屡集成束，与花瓣对生，子房上位，2～10 室，每室 2 至多数胚珠，中轴胎座。蒴果、核果或浆果，中柱宿存。

约 30 属 500 种。我国是茶科植物的故乡，共有 15 属 340 种。具油料、饮料、材用、药用、观赏等用途，经济价值高。

1. 茶 *Camellia sinensis*

【识别要点】灌木或小乔木，常多干丛生。叶片薄革质，椭圆状披针形至卵状披针形，长 5～10 cm，先端渐尖，基部楔形，叶缘有浅锯齿，下面微有毛，侧脉明显而叶多皱。花白色，1～4 朵腋生，花梗下弯，萼片宿存，花瓣 5，子房 3 室，花柱顶端 3 裂。果近球形。

【习性、分布、用途】喜温暖湿润气候，喜光，要求土层深厚、保水保肥力强的酸性土，不耐石灰质、盐碱土壤，深根性，耐修剪。我国特产，现秦岭、淮河以南广泛栽培。枝叶茂密，终年常青，乔木型的植株可点缀于建筑物园路周围，或群植作背景树，茶是我国经济树种，著名的木本饮料植物，为世界三大饮料植物之一。

图 5-12-1 茶

A. 植株 B. 幼枝 C. 花枝 D. 果枝

2. 木荷 *Schima superba*

【识别要点】树高可达 30 m，胸径达 1 m。树皮深褐色，纵裂。小枝暗灰色，皮孔明显。叶革质，互生，椭圆形或卵状椭圆形，无毛，边缘有钝锯齿。花两性，白色，单朵腋生或顶生成短的总状花序。蒴果木质，扁球形，具宿存花萼。

【习性、分布、用途】生于气候温暖湿润、土壤肥沃、排水良好的酸性土壤。在碱性土质中生长不良。安徽、浙江、福建、江西、湖南、四川、广东、贵州、台湾等省均有分布，主要作防火树。

图 5-12-2　木荷

A. 树干　B. 枝　C. 花　D. 果

3. 银木荷 *Schima argentea*

【识别要点】常绿乔木，嫩枝有柔毛，老枝有白色皮孔。叶厚革质，长圆形，先端尖锐，基部阔楔形，上面发亮，下面有银白色蜡被，有柔毛，全缘。花数朵生枝顶，蒴果。

【习性、分布、用途】喜湿润气候，我国南部用作防火树。

4. 大头茶 *Polyspora axillaris*

【识别要点】常绿小乔木，枝条略粗糙。单叶，互生，革质，长椭圆形，无托叶，叶先端渐尖，边缘上半部具粗锯齿，下部全缘，多少反卷，叶面深绿色，略具光泽，干后常变黄绿，叶背中脉隆起。花两性，白色，雄蕊多数。蒴果。

【习性、分布、用途】喜温暖湿润气候及富含腐殖质的酸性土壤，主要分布于亚洲的亚热带和热带地区，常用作庭园树、行道树、公园树以及造林绿化。

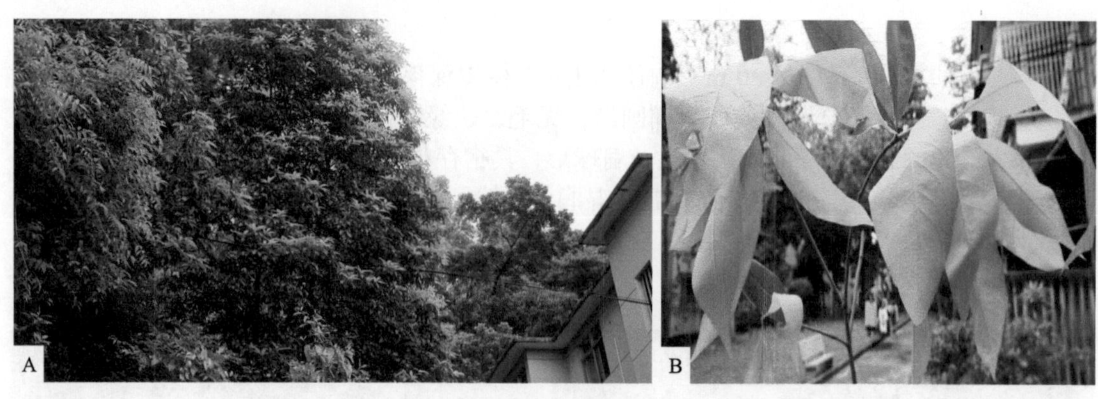

图 5-12-3 银木荷

A. 树形 B. 枝叶

图 5-12-4 大头茶

A. 植株 B. 枝叶 C. 花枝 D. 果枝

5. 茶花 *Camellia japonica*

【识别要点】灌木或小乔木，小枝淡绿色或紫绿色。叶卵形、倒卵形至椭圆形，侧脉明显，上面光亮。花大色艳且形色多变，单生或2～3朵生于枝顶端或叶腋，花期长且四季常青。

【习性、分布、用途】喜光，原产我国，树冠多姿，娇丽可人，为闻名中外的名贵花木。园艺品种很多，我国多达300多个，一般分为3大类12个花型：

（1）单瓣类 单瓣型。

（2）半重瓣类 半重瓣型、五星型、荷花型、松球型。

（3）重瓣类　托桂型、菊花型、芙蓉型、皇冠型、绣球型、放射型、蔷薇型。

图 5-12-5　茶花

A. 植株　B. 花枝　C. 花　D. 花瓣与雄蕊

6. 越南油茶 *Camellia vietnamensis*

【识别要点】常绿灌木至小乔木，高 4～8 m，嫩枝有灰褐色柔毛，老枝秃净。叶长椭圆形至卵形，光泽较差，上面干后发亮，下面有疏毛，侧脉 10～11 对，在上面陷下，在下面明显凸出，两面多小瘤状凸起，边缘有细锯齿，叶柄长约 1 cm，略有短毛。花顶生，近无柄，花瓣倒卵形。蒴果球形、扁球形或长圆形。

【习性、分布、用途】喜光油料作物，产于广西柳州及陆川一带，现广东有栽培，为观赏及油料植物。

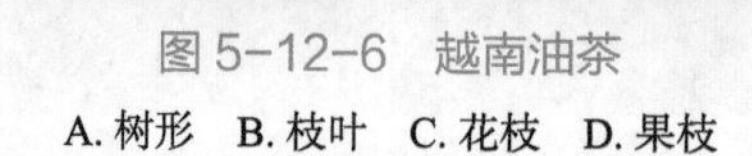

图 5-12-6 越南油茶

A. 树形 B. 枝叶 C. 花枝 D. 果枝

7. 油茶 *Camellia oleifera*

【识别要点】灌木至乔木。叶椭圆形或倒卵形，上面光亮，侧脉不明显。花顶生，白色无柄。蒴果近球形，果瓣厚而木质，2～3 裂，种子 1～3 粒。

【习性、分布、用途】喜光，喜温暖湿润气候，喜酸性土，不耐盐碱土。深根性树种，生长缓慢。主产于我国长江以南各省区，为观赏与经济兼备的树种。枝叶浓密，花色洁白，结实累累。在园林中适于丛植或林缘配植。也是我国江南地区主要的木本油料作物。

图 5-12-7 油茶

A. 植株 B. 枝叶 C. 花枝 D. 果实

8. 茶梅 *Camellia sasanqua*

【识别要点】常绿小乔木，嫩枝有毛。叶革质，椭圆形，上面发亮，下面褐绿色，网脉不显著，边缘有细锯齿，叶柄稍被残毛。花大小不一，苞片及萼片被柔毛，花瓣阔倒卵形，雄蕊离生，子房被茸毛。蒴果球形，种子褐色，无毛。

【习性、分布、用途】分布于日本，多栽培，中国亦有栽培品种。叶似茶、花如梅而得名。因其体态秀丽、叶形雅致、花色艳丽、花期长（11月初至翌年3月）、树形娇小、枝条开放、分枝低、易修剪造型，故为美化庭园、阳台、宾馆等地的理想木本花卉。

图5-12-8　茶梅

A. 植株　B. 花枝　C. 花　D. 果实

9. 广宁油茶 *Camellia semiserrata*

【识别要点】常绿小乔木，枝条黄褐色，幼枝绿色。单叶互生，叶矩圆形至卵形，边缘半锯齿，对光有黄边，厚革质。花单生枝顶，白色或变种红色，鲜艳多姿可爱。果卵球形，果皮厚，每室种子1。

【习性、分布、用途】喜温，阳性植物。主要分布于广东、广西，为木本油料及观赏树种。

图 5-12-9 广宁油茶

A. 植株 B. 枝叶 C. 花 D. 果实

10. 杜鹃红山茶 *Camellia azalea*

【识别要点】常绿灌木或小乔木，分枝密，嫩枝无毛，略显红色，老枝光滑，灰褐色。叶倒卵形、长倒卵形及倒心状披针形，先端圆钝或者稍微有凹陷，基部楔形；叶上表面光亮碧绿，下表面浅绿色，两面均无毛，稍被灰粉；侧脉 5～8 对，干时两面稍可见，中脉两面突起；叶全缘。花艳红色或粉色，无花梗；花在枝上自下而上渐次开放，整个植株形成连续开花的现象；花瓣 5～9 枚，红色艳丽。蒴果。

【习性、分布、用途】生于森林茂密、人烟稀少的小溪两旁。主要分布在云南、广西、广东、四川，野生数量稀少。现为园艺珍品，国家一级保护植物。

图 5-12-10 杜鹃红山茶

A. 植株 B. 花枝

11. 越南抱茎茶 *Camellia amplexicaulis*

【识别要点】常绿小乔木，枝灰白色，粗糙，皮孔明显。单叶互生，叶狭长浓绿，锯齿粗，幼叶红色，基部心形，与茎紧紧相抱生长，犹如竹笋，因而得名。花红色，花色艳丽，花蕾由叶腋与干茎之间冒出，如万绿丛中的红珍珠，与狭长直上的幼叶相映成趣。

【习性、分布、用途】喜阳，花期长，在酸性砖红壤生长良好。原产于越南，我国引栽，是华南地区园林的新宠，也可作为鲜切花材料使用，极具市场价值。

图 5-12-11　越南抱茎茶

A. 植株　B. 花枝　C. 花

12. 石笔木 *Tutcheria championi*

【识别要点】常绿乔木，树皮灰褐色，老枝灰白色，幼枝有细毛，叶柄亮绿。单叶互生，叶片革质，椭圆形或长圆形，先端尖锐，基部楔形，网脉在两面均稍明显，边缘有小锯齿。花大艳丽，单生于枝顶叶腋，白色或黄色。蒴果球形。

图 5-12-12 石笔木

A. 植株 B. 枝叶 C. 花枝 D. 果

【习性、分布、用途】喜光，分布于中国广东、福建。四季常青，枝叶浓密，树形美观，花大蕊艳，果期长，观赏性较佳。

13. 金花茶 *Camellia nitidissima*

【识别要点】灌木或小乔木，高 2～5 m，无毛。叶长椭圆状矩圆形或宽披针形，长 10～17 cm，革质。花单生，金黄色，苞片和萼片各 5，花瓣 8～10，子房无毛，花柱 3～4，离生。蒴果近球形。

【习性、分布、用途】喜温暖湿润气候，喜排水良好的酸性土壤及荫蔽环境。播种和组织培养繁殖。产于广西，越南北部也有分布，现我国各地栽培。园艺珍品，稀有和名贵花木，有“茶族皇后”之称，观赏价值较高，亦是目前茶花育种的重要亲本材料，国家一级重点保护树种，名贵观花灌木。

图 5-12-13 金花茶

A. 植株 B. 枝叶 C. 花枝 D. 果枝

14. 大果油茶 *Camella macrocarpa*

【识别要点】常绿乔木，高达 8～10 m，树皮光滑，黄褐色，嫩枝无毛。叶椭圆形或倒卵状椭圆形，长 9～22 cm，先端急长尖，基部略圆，侧脉每边 6～7，边缘上半部有锯齿（有些品种无锯齿），叶柄长 1.5～2.5 cm。花顶生，红色，无柄；花瓣 8～9，长 3 cm，基部连生；雄蕊 5 轮，外轮花丝管略有柔毛；子房无毛，花柱长 2.5 cm，3 浅裂。蒴果长球形、扁球形，直径大至 12 cm，果皮木质，发亮，无毛，厚 2～3 cm；种子每室 5 个。

【习性、分布、用途】喜温湿气候，现主要种植地为两广地区，湖南、海南、福建等地均有种植。由于其产量高，果实出油率高，油质优良，因此是重要的经济油料作物。

图 5-12-14　大果油茶

A. 树干　B. 树冠　C. 果枝　D. 果实

G13 桃金娘科 Myrtaceae

常绿乔木或灌木，体内具芳香油，有香气。单叶互生或对生，全缘，叶片对光有透明油点，揉烂有香气，近缘处有边脉，无托叶。花两性，整齐，单生、簇生或成各式花序，萼 4～5 裂，宿存，花瓣 4～5，雄蕊多数，分离或成簇与花瓣对生，花丝细长，子房下位或半下位，1～10 室，每室 1 至多数胚珠，中轴胎座，花柱 1。浆果、蒴果，稀核果或坚果。种子多有棱，无胚乳。

约 129 属 4 000 余种，我国连引种栽培的有 9 属 100 余种。

1. 蒲桃 *Syzygium jambos*

【识别要点】常绿乔木，高 10 m，主干极短，广分枝，小枝于节部压扁。单叶对生，矩圆状披针形或披针形，侧脉至近缘处汇合。聚伞花序顶生，花瓣白色，分离，阔卵形。

浆果球形，具宿存萼，成熟时黄色。种子 1～2 颗，多胚。

【习性、分布、用途】适应性强，各种土壤均能栽种。原产于东南亚，华南作为防风植物栽培，果实可以食用。是湿润热带地区良好的果树和庭园绿化树。

图 5-13-1　蒲桃

A. 树形　B. 枝叶　C. 花序　D. 果实

2. 肖蒲桃 *Acmena acuminatissima*

【识别要点】常绿乔木，树干暗红色，树皮光滑不开裂。单叶多对生，少近对生，叶片革质，卵状披针形或狭披针形，先端尾尖，叶面干后暗色，多油腺点，侧脉多而密，在上面不明显，有边脉。聚伞花序顶生，花 3 朵聚生。浆果球形。

【习性、分布、用途】喜光，主产于广东、广西等省区。枝繁叶茂，嫩叶变红，具较高观赏价值。可作庭园树及风景树。

图 5-13-2 肖蒲桃

A. 树干 B. 树冠 C. 枝叶 D. 花序

3. 海南蒲桃 *Syzygium cumini*

【识别要点】常绿乔木，高达 15 m，嫩枝圆形，干后灰白色。叶片革质，阔椭圆形至狭椭圆形，先端圆或钝，有一个短的尖头，基部阔楔形，稀为圆形，上面干后褐绿色或为黑褐色，略发亮，下面稍浅色，两面多细小腺点，侧脉细密平行，缓斜向边缘形成明显的边脉。圆锥花序腋生，花白色，萼管倒圆锥形，花柱与雄蕊等长。果实卵圆形，紫色至黑色，种子 1 粒。

【习性、分布、用途】长日照阳性树种，喜光、喜水、喜深厚肥沃土壤，不耐干旱和寒冷，抗风力强。分布于华南，作绿化树、庭荫树、行道树。

图 5-13-3 海南蒲桃

A. 树形 B. 侧枝 C. 叶正面 D. 叶背面

4. 水翁 *Cleistocalyx operculatus*

【识别要点】常绿乔木，高达 15 m，树皮灰白色，干多分枝，嫩枝压扁，亮绿色。老枝圆柱形或四棱形，常有沟槽或纵棱，秃净，灰白色。单叶对生，叶片薄革质，长圆形至椭圆形，先端急尖或渐尖，基部阔楔形或略圆，两面多透明腺点，干后有黑色斑点，侧脉 9～13 对，斜向上，网脉、边脉均明显。圆锥花序生于无叶的老枝上，花小，无梗，2～3 朵簇生，萼管半球形，先端有短喙，花瓣合生，帽状，顶尖，有腺点。浆果阔卵圆形，成熟时紫黑色。花期 5—6 月。

【习性、分布、用途】喜肥，耐湿性强，喜生于水边，一般土壤可生长。主产于华南地区，水旁绿化树种。根皮药用，根系发达，能净化水源，为优良的水边绿化植物，亦可作为固堤植物。

图 5-13-4 水翁

A. 树形 B. 侧枝 C. 果枝 D. 果实

5. 白千层 *Melaleuca leucadendron*

【识别要点】常绿乔木，树皮灰白色，厚而疏松，呈薄片状剥落。枝有柔毛，叶互生，近革质，小而坚硬，狭椭圆形或披针形，长 4～10 cm，有平行纵脉 5 条及多数支脉。穗状花序顶生，排成试管刷状，乳白色；花序轴在开花时或花后能继续延长形成新枝；萼筒近球形，与子房合生，裂片 5，花瓣 5，细小，早落，雄蕊多数，花丝基部合成 5 束，与花瓣对生，子房下位或半下位，每室胚珠多数。蒴果木质，先端扁平，顶端 4 孔开裂，簇生于枝条上。花期秋冬季。

【习性、分布、用途】喜光，喜温暖多湿气候，不耐寒，耐水湿，不甚耐旱，抗风，抗大气污染。原产于澳大利亚，我国长江以南各省区引种。树干奇特，树姿优美整齐，树皮白色，外皮厚而呈海绵质，可层层剥落，每层薄如纸，故名“白千层”。因其枝叶浓密，故为美丽的观赏树、街道树及园景树。全株入药，有收敛止血之效。

图 5-13-5 白千层

A. 树冠 B. 树皮 C. 花序 D. 果枝

6. 细花白千层 *Melaleuca parviflora*

【识别要点】常绿小乔木，高可达 12 m，树皮灰色，稍坚实，嫩枝常有毛。叶小，互生，密集，叶片硬革质，披针形或长圆状披针形，先端尖锐，基部钝，无叶柄。花小，白色，密集于枝顶组成 3～5 cm 的穗状花序。蒴果倒卵形。

【习性、分布、用途】喜光树种，主要于华南地区栽培作园林绿化树种。

图 5-13-6　细花白千层

A. 树干　B. 侧枝　C. 枝叶

7. 黄金香柳（千层金）*Melaleuca bracteata*

【识别要点】常绿小乔木，树皮条状纵裂，主干直立，枝条细长柔软，嫩枝红色。单叶互生，螺旋状排列，叶细条形，金黄色，有香味，秋、冬、春三季表现为金黄色，夏季由于温度较高为鹅黄色。

【习性、分布、用途】适应性强，从酸性到石灰岩土质甚至盐碱地均可生长，抗病虫能力强，既抗旱又抗涝，适宜水边生长，还能抗盐碱、抗强风。原产于新西兰，我国华南引栽，是沿海地区不可多得的优良的景观造林树种，特别适合沿海填海造地的地区用于绿化造林。

图 5-13-7　黄金香柳

A. 树形　B. 侧枝

8. 串钱柳 *Callistemon viminalis*

【识别要点】常绿小乔木，树皮褐色，厚而纵裂。嫩枝圆柱形，有丝状柔毛，细长下垂。单叶互生，革质，披针形至线状披针形，长 6～7.5 cm，宽 0.7 cm，先端渐尖或短尖，基部渐狭，两面均密生有黑色腺点，侧脉纤细，锐角开出，边脉明显。穗状花序红色稠密，长达 11.5 cm，花序轴有丝毛，雄蕊多数，花丝细长，颜色鲜艳，排列稠密。蒴果半球形。

【习性、分布、用途】喜暖热气候，能耐烈日酷暑，不耐阴。原产于澳洲，现华南广为栽培，作观赏树、行道树，枝条细长柔软，下垂如垂柳状，可作水池湖畔绿化。

图 5-13-8 串钱柳

A. 树形 B. 大枝 C. 花序 D. 果枝

9. 红千层（瓶刷子树、红瓶刷、金宝树）*Callistemon rigidus*

【识别要点】常绿灌木或小乔木，高 1～10 m；树皮暗灰色，不易剥离；幼枝和幼叶有白色柔毛。叶互生，条形，坚硬而尖，无毛，有透明油点，中脉和边脉明显，无柄。穗状花序稠密，生近枝顶，有多数花，花序轴继续生长成一有叶的正常枝；花无柄，红色，萼管钟形，基部与子房合生，裂片 5，后脱落，花瓣绿色，早落，雄蕊多数，花丝细长，红色，多数。蒴果顶孔开裂，半球形。

【习性、分布、用途】阳性树种，喜温暖、湿润气候，能耐烈日酷暑，耐修剪，抗大气污染。原产于澳大利亚。两广、台湾有栽培。树姿优美，枝叶繁茂，雄蕊花丝细长，色泽艳丽，开花后花序轴继续生长，发出新叶，形如瓶刷子，故又称为“瓶刷子树”，为优美的观花树种，可作园林观赏树和行道树；花形极为奇特呈穗状，且色泽艳丽，可作插花。

10. 红果仔 *Eugenia uniflora*

【识别要点】灌木或小乔木，高可达 5 m，全株无毛。小枝暗红色，四棱形。叶对生，卵形，近无柄，叶片纸质，先端渐尖或短尖，上面绿色发亮，下面颜色较浅，两面无毛。花白色，稍芳香，萼片长椭圆形。浆果球形。春季开花。

【习性、分布、用途】生长快，喜光。原产于巴西，中国南部有少量栽培。果肉多汁，稍带酸味，可食，并可制优质的软糖；又可栽植于盆中，结实时红果累累，极为美观。耐修剪，常列植于路旁的绿化带中。

图 5-13-9 红千层

A. 树形 B. 枝叶 C. 花枝

图 5-13-10 红果仔

A. 植株 B. 幼枝 C. 果枝 D. 果实

11. 尾叶桉 *Eucalyptus urophylla*

【识别要点】常绿乔木。树皮红棕色，上部剥落，基部宿存。单叶互生，幼态叶披针形，成熟叶披针形或卵形。伞形花序顶生，帽状花呈圆锥形，顶端突兀。蒴果近球形，果瓣内陷。花期 12 月至翌年 5 月。

【习性、分布、用途】适生性强，生长速度快。原产于印度尼西亚，我国广东、广西有栽培。枝叶含油，木材可制人造板、纸浆，叶可提取芳香油，树木可美化环境，是集经济、生态、社会效益为一体的速生经济树种。为速生用材林、荒山绿化和行道绿化树种。

图 5-13-11 尾叶桉

A. 树干 B. 树形 C. 枝叶 D. 果枝

12. 柠檬桉 *Eucalyptus citriodora*

【识别要点】常绿大乔木，高达 40 m，树干通直，树皮平滑，灰白色或红灰色，每年片状脱落至树干基部；小枝红褐色，细长，线形，柔软下垂。幼态叶披针形，具棕红色腺毛，有浓郁的柠檬气味；成熟叶狭披针形至宽披针形，稍呈镰刀状，具强烈柠檬香气。花稍大，通常三朵合生为一伞形花序，后又排成圆锥花序，总花梗有棱，帽状花盖半球形，顶端具小尖头。蒴果球形。

【习性、分布、用途】喜光，不耐阴，喜暖热湿润气候，不耐寒，易受霜害，根系深，生长迅速。原产于澳大利亚，我国南部各省有栽培。树干洁净光滑，枝叶芳香，有“林中仙女”之美誉，适作公路两旁或山坡地绿化树种，亦是公共绿化地的优良绿化树种。枝叶可提芳香油，供药用，能消炎杀菌、祛风止痛。

图 5-13-12 柠檬桉

A. 树形 B. 树皮 C. 枝叶 D. 花序及果枝

13. 大叶桉 *Eucalyptus robusta*

【识别要点】常绿乔木，高达 20 m，树皮木栓质，不剥落，深褐色，有不规则斜裂沟。嫩枝有棱，两侧压扁，有香味。单叶互生，革质，卵形或卵状椭圆形，两侧不等，均有腺点，侧脉纤细平行，与中脉近成直角。伞形花序白色，粗大，小花 4～8 朵。蒴果卵状壶形，具宿存的帽状花萼。

【习性、分布、用途】生于阳光充足的平原、山坡和路旁，根系深，但枝脆易风折。原产于澳大利亚，我国华南引栽作行道树。有疏风解热、抑菌消炎、防腐止痒之功效。

14. 窿缘桉 *Eucalyptus exserta*

【识别要点】常绿乔木，树皮灰褐色，剥落后露出红褐色新皮，长纵裂，长片状剥落，枝叶有香味。幼枝叶对生，成熟叶互生，叶狭披针形，稍弯曲，长 8～15 cm，宽 1～1.5 cm。伞形花序，3～8 朵，花白色，雄蕊花丝长。蒴果球形，直径 6～7 mm。

本种与柠檬桉的主要区别在：树皮粗糙，叶较窄，香气更浓，侧脉稍乱。

【习性、分布、用途】喜湿润气候，主要分布在广东、海南，均有大面积种植。木材坚硬，耐腐，材质优良。枝叶含芳香油，为芳香植物。

图 5-13-13 大叶桉
A. 树形 B. 树冠 C. 枝叶

图 5-13-14 窿缘桉
A. 树形 B. 树干 C. 花枝

15. 番石榴 *Psidium guajava*

【识别要点】常绿小乔木，高达 13 m。树皮平滑，灰褐色，片状剥落而留有斑块。嫩枝有纵棱，被毛，常呈四棱形，老枝变圆。单叶对生，全缘，革质，矩圆形至椭圆形，两面粗糙，下面密生短柔毛，羽状脉明显，上面凹入，下面凸起，有短柄。花白色，单生或排成聚伞花序，萼绿色，裂片 4～5，花瓣 4～5，比萼片长，雄蕊多数，子房下位，3 室。浆果球形、卵圆形或梨形，顶端有宿存萼片，果肉白色及黄色。

【习性、分布、用途】喜温，较耐旱耐湿，播种或嫁接繁殖。原产于北美，华南引栽。为观赏与食用兼备之树种。

图 5-13-15 番石榴

A. 树形 B. 幼枝 C. 花 D. 果

16. 线枝蒲桃 *Syzygium araiocladum*

【识别要点】常绿小乔木，枝条纤细线形，四棱形，常有狭翅。幼叶淡红色，单叶互生，叶柄短，叶片革质，卵状长披针形，上面干后橄榄绿色，下面多细小腺点，侧脉多而密，边脉明显。聚伞花序顶生或生于上部叶腋内，小花 3～6 朵。果实近球形。

【习性、分布、用途】喜温湿，主要分布于广东、广西和海南。园林中常用作观叶树，为优美的春色叶树。

图 5-13-16　线枝蒲桃

A. 树形　B. 幼枝　C. 老枝　D. 花枝

17. 洋蒲桃 *Syzygium samarangense*

【识别要点】常绿乔木，高达 12 m，嫩枝压扁，灰白色。单叶对生，薄革质，椭圆形至长圆形，先端钝或稍尖，基部变狭，圆形或微心形，上面干后变黄褐色，下面多细小腺点，侧脉 14～19 对，边脉明显，叶柄短，有时近无柄。聚伞花序顶生或腋生，有花数朵，花白色。果实梨形或圆锥形，肉质，洋红色，发亮，顶部凹陷，有宿存的肉质萼片。花期 3—4 月，果实 5—6 月成熟。

【习性、分布、用途】喜光。原产于马来西亚及印度，中国广东、台湾及广西有栽培，果供食用。

图 5-13-17 洋蒲桃

A. 树干 B. 侧枝 C. 花枝 D. 果枝

18. 白车 *Syzygium levinei*

【识别要点】常绿乔木，高达 12 m；树皮灰白色，枝条两侧压扁，灰白色。单叶对生或互生，卵形或卵圆形，薄革质，两面亮绿，有油点，先端钝，侧脉 14～19 对，边脉明显，叶柄短，有时近无柄。

【习性、分布、用途】喜光，分布于我国华南，作绿化树。

图 5-13-18 白车

A. 树干 B. 侧枝 C. 树冠 D. 枝叶

19. 众香树 *Pimenta dioica*

【识别要点】常绿小乔木，树皮黄褐色，斑块状剥落，老枝金黄色，幼枝与叶柄绿色，枝叶有浓香。单叶对生，叶椭圆形，羽状脉，侧脉细密平行，叶面黄绿色，中脉在叶背凸出，在表面凹下，叶全缘，基部圆形，顶钝尖。花小白色，果球形。

【习性、分布、用途】喜光，原产于印度，现我国华南引栽作观赏树。叶片可提取精油，药用。

图 5-13-19　众香树

A. 树形　B. 枝叶

20. 金蒲桃 *Xanthostemon chrysanthus*

【识别要点】常绿小乔木，树皮光滑不开裂。单叶对生、互生或丛生枝顶，披针形，全缘，革质，表面亮绿。聚伞花序，花丝金黄色。成年树盛花期，满树金黄，极为亮丽壮观。

【习性、分布、用途】性喜高温，生长适温为 22～32℃，适宜在排水良好的沙质土壤生长。幼株生长缓慢。原产于澳洲，我国引种并称之为“黄金熊猫”，叶色亮绿，株形挺拔，在夏秋间开花，花期长，花簇生枝顶，金黄色，花序呈球状，是十分优良的园林绿化树种。

图 5-13-20 金蒲桃

A. 树形 B. 侧枝正面 C. 侧枝背面 D. 花

G14 龙脑香科 Dipterocarpaceae

乔木，木质部有树脂，植物体常具星状毛或盾状鳞片。单叶互生，羽状脉，托叶早落。花两性，总状花序或圆锥花序，萼 5 裂，花瓣 5，雄蕊多数，子房上位，3 心皮，3 室，中轴胎座。坚果，宿存萼裂片 2 至数枚，有时扩大成翅。

16 属 529 种，分布于东半球热带地区，为热带雨林的树种，我国 5 属 13 种，产于云南、海南和广西。

1. 青皮 *Vatica astrotricha*

【识别要点】常绿乔木，树高约 20 m。小枝、叶柄、花序和花被常被星状茸毛，灰黑色。单叶互生，叶柄密被灰黄色短茸毛，扭曲，叶片革质，长圆形至长圆状披针形，先端渐尖或短尖，基部圆形或楔形，两面均凸起，网脉明显。圆锥花序顶生或腋生，花萼裂片披针形，革质，宿存。果实球形，宿存萼片不等长，其中两枚较长，呈翅状，有纵脉 5 条，其余 3 枚较小。花期 5—7 月，果期 8—9 月。

【习性、分布、用途】喜光，喜温暖湿润气候。适生于丘陵、坡地林中，海拔 700 m 以下，原产于海南，现华南地区栽培作绿化树。材质优良，耐腐、耐湿。树干通直，珍贵用材树种。树姿雄伟，深根性，抗风，可作庭园绿化树种。国家二级重点保护植物。

图 5-14-1 青皮

A. 树形 B. 侧枝 C. 花枝 D. 果枝

2. 小叶青皮 *Vatica pavifolius*

【识别要点】常绿大乔木，树皮平滑不开裂，小枝有细毛。叶柄紫黑色，常扭曲，圆柱状，叶卵圆形，较小，先端平钝。花两性，果具宿存萼。

【习性、分布、用途】喜光，喜温暖湿润气候，原产于海南，我国华南引栽，作园林风景树或用材树。

图 5-14-2 小叶青皮

A. 树干 B. 枝叶

3. 坡垒 *Hopea hainanensis*

【识别要点】乔木，具白色芳香树脂，高约 20 m；树皮灰白色或褐色，具白色皮孔。叶近革质，长圆形至长圆状卵形，先端微钝或渐尖，基部圆形，折叠后有白色折痕。花小，几无梗，组成圆锥花序。果实卵圆形，具尖头，被蜡质，被疏星状毛。其中 2 枚萼裂片扩大成翅状，宿存，倒披针形，有纵脉 7～9 条。

【习性、分布、用途】喜光，生长慢，主要分布海南，现华南栽培，特有珍贵用材树种。木材结构致密，纹理交错，质坚重，其淡黄色树脂供药用和作油漆原料。

图 5-14-3 坡垒

A. 树形 B. 枝叶 C. 花枝 D. 果枝

4. 望天树 *Parashorea chinensis*

【识别要点】常绿大乔木，高 40～60 m，胸径 60～150 cm；树皮灰色或棕褐色，树干上部的为浅纵裂，下部呈块状剥落。幼枝被鳞片状的茸毛，具圆形皮孔。叶革质，椭圆形或椭圆状披针形，先端渐尖，基部圆形，侧脉羽状，14～19 对，在下面明显凸起，网脉明显，被鳞片状毛或茸毛；叶柄长 1～3 cm，密被毛；托叶纸质，成对早落。圆锥花序腋生或顶生，长 5～12 cm，密被灰黄色的鳞片状毛或茸毛。果实长卵形，密被银灰色的绢状毛；果翅近等长或 3 长 2 短，近革质，长 6～8 cm，宽 0.6～1 cm，具纵脉 5～7 条，基部狭窄不包围果实。花期 5—6 月，果期 8—9 月。

【习性、分布、用途】阳性树，主要生于热带雨林的沟谷林中。分布于云南。木材坚硬、耐用、耐腐性强，不易受虫蛀；材色褐黄，无特殊气味，纹理直，结构均匀，加工容易，刨切面光滑，花纹美观，为制造各种家具的高级用材。现列为国家一级重点保护树种。

图 5-14-4 望天树

A. 幼树树形 B. 枝叶 C. 枝上托叶 D. 老枝叶

5. 娑罗双 *Shorea robustamm*

【识别要点】乔木，具芳香树脂。叶革质或近革质，全缘，侧脉羽状，网脉近于平行；托叶大或小，早落；花为腋生或顶生的圆锥花序；小苞片每朵花 2 枚，早落；花萼裂片 5 枚，覆瓦状排列，常具毛；花瓣 5 枚，外面常具毛；果具种子 1 枚；增大的花萼裂片 3 长 2 短或近等长，基部变宽包围果实。

【习性、分布、用途】阳性树，主要生于热带雨林的沟谷林中。分布于云南。木材优良，相传为佛祖于此树下坐化，故为佛门圣树，为国家保护植物。

图 5-14-5 娑罗双

A. 树干 B. 树冠 C. 枝叶正面 D. 枝叶背面

G15 使君子科 Combretaceae

1. 使君子 *Quisqualis indica*

【识别要点】大型攀缘木质藤本，小枝被棕黄色短柔毛。叶对生或近对生，叶柄基部宿存呈硬刺状，叶片膜质，卵形或椭圆形，先端短渐尖，基部钝圆，表面无毛，背面有时疏被棕色柔毛，幼时密生锈色柔毛。花大红色，花萼5枚，绿色，花瓣5，初开时为白色，后变为淡红至红色。核果橄榄状，有5棱，成熟时果皮脆薄，青黑色或栗色。

图5-15-1 使君子

A. 植株 B. 侧枝 C. 花序 D. 花

【习性、分布、用途】喜光，耐半阴，但日照充足开花更繁茂；喜高温多湿气候，不耐寒，不耐干旱，在肥沃富含有机质的沙质壤土上生长最佳。分布于我国南部至印度、缅甸和菲律宾，我国四川、贵州至南岭以南各处均有栽培。花期长，花色明艳，花繁叶茂，十分美丽，为优良的垂直绿化植物，宜植于花廊、栅架、花门和栅栏等地方。种子为中药中最有效的驱蛔药之一。

2. 细叶榄仁 *Terminalia mantaly*

【识别要点】常绿大乔木，树干通直，枝条轮生于主干四周，层次明显，水平向四周开展，小枝细软，有白色的鳞秕。小叶倒卵形，上面亮绿，表面有明显的腺点，顶端有时有锯齿，叶在短枝上簇生，长枝上互生。花小不明显，穗状花序腋生，花杂性。果橄榄形，两侧扁平，有棱。

【习性、分布、用途】喜光，抗风性强，深根性，耐盐耐湿，生长快，寿命长。原产于热带非洲，现在我国沿海栽植，抗强风吹袭，并耐盐分，为优良的海岸防护林树种，树形优美，大枝横展，树冠塔形，春季新叶翠绿，秋季叶变红，为优美的行道树和园景树。

图 5-15-2　细叶榄仁

A. 树形　B. 树干　C. 枝叶

3. 花叶细叶榄仁 *Terminalia mantaly* cv. Tricolor

【识别要点】乔木，树干通直，侧枝轮生，呈水平展开。叶丛生枝顶，椭圆状倒卵形，叶面淡绿色，具乳白或乳黄色斑，新叶呈粉红色。

【习性、分布、用途】性喜高温多湿，生长迅速，不拘土质，但以肥沃的沙质土壤为最佳，排水、日照需良好，幼株需水较多，应常补给。广东、香港、台湾、广西、海南都有大规模栽植。大枝分层轮生于主干四周，层层分明有序，水平向四周开展，风格独特，枝干挺拔，常用作庭园树、行道树。树形虽高，主干浑圆挺直，但枝干极为柔软，根群生长稳固后极抗强风吹袭，并耐盐分，为优良的海岸树种。

4. 千果榄仁 *Terminalia myriocarpa*

【识别要点】常绿乔木，高达 25～35 m，具大板根。小枝圆柱状，被黄褐色茸毛。叶

图 5-15-3 花叶细叶榄仁

A. 树形 B. 枝叶 C. 小枝

对生，厚纸质，叶片长椭圆形，全缘或微波状，偶有粗齿，顶端有一短而偏斜的尖头，基部钝圆，翅膜质，被黄色茸毛，叶基部常有一至数个棒状腺体。花期 8—9 月，果期 10 月至翌年 1 月。

【习性、分布、用途】喜温湿，原产于云南，现广东省栽培作风景树。

图 5-15-4 千果榄仁

A. 树干 B. 树冠 C. 枝叶

5. 阿江榄仁 *Terminalia arjuna*

【识别要点】落叶大乔木，高达 25 m，树皮黄褐色，纵裂，基部具板根。枝条褐色，幼枝有狭翅。单叶对生，少近对生，叶片长卵形，羽状脉，中脉突出，冬季落叶前，叶色常变红。核果果皮坚硬，近球形，有 5 条纵翅。

【习性、分布、用途】喜光，喜温暖至高温气候，深根性，抗风，耐湿，耐半阴。原产于东南亚地区，现华南栽培作行道树、绿化树。

图 5-15-5　阿江榄仁

A. 树干　B. 果枝　C. 花枝　D. 果实

G16 红树科 Rhizophoraceae

竹节树 *Carallia brachiata*

【识别要点】常绿乔木，树皮褐色，不开裂，基部有支柱根。单叶对生，枝条红褐色，叶革质，倒卵形、倒卵状长圆形至椭圆形，顶端短渐尖，基部楔形，全缘或中部以上偶有不明显的细齿。聚伞花序，腋生。果球形或近椭圆形。

【习性、分布、用途】喜阴湿，适生于海拔 500～1 900 m 的常绿阔叶密林中。分布于中国云南、广东和广西，现栽植作绿化树、防护林。

图 5-16-1 竹节树

A. 树形 B. 枝叶

G17 金丝桃科 Hypericaceae

1. 金丝桃 *Hypericum monogynum*

【识别要点】半常绿灌木，分枝多呈丛生状，茎圆柱形，上部多分枝。小枝纤细橙褐色，常有 2 条突起的纵棱，散生黑色腺点或斑点。单叶对生，长圆形，长 1～2.5 cm，宽 3～10 mm，顶端钝，基部渐狭稍抱茎。花萼、花瓣及花药都有黑色腺点，聚伞花序顶生，花淡黄色，雄蕊束状纤细，花丝金黄灿若金丝而得名，花柱 3，分离。蒴果卵圆形或卵状长椭圆形。花期 7—8 月，果期 9—10 月。

【习性、分布、用途】喜湿润半阴之地，不甚耐寒。主要分布于我国长江以南各省。可作为盆景材料，花美丽，供观赏；果实及根供药用，果作连翘代用品，根能祛风、止咳、下乳、调经补血，并可治疗跌打损伤；叶含芳香油及单宁，民间将叶晒干代茶。

图 5-17-1 金丝桃

A. 果枝 B. 花

2. 黄牛木 *Cratoxylum cochinchinense*

【识别要点】落叶灌木或乔木，全体无毛，树干下部有簇生的长枝刺；树皮灰黄色或灰褐色，平滑或有细条纹。枝条对生，幼枝略扁，无毛，淡红色，有时具鳞秕。单叶对生，叶片椭圆形至长椭圆形或披针形，叶表面有腺点，顶渐尖。聚伞花序粉红色。蒴果为宿存萼包围。

【习性、分布、用途】生于丘陵或山地的干燥阳坡上的次生林或灌丛中，能耐干旱，萌发力强。主要分布于我国华南地区，材质坚硬，纹理精致，供雕刻用，幼果供作烹调香料。

图 5-17-2　黄牛木

A. 花枝　B. 果枝

G18 椴树科 Tiliaceae

1. 蚬木 *Burretiodendron hsienmu*

【识别要点】常绿大乔木，树皮灰色，平滑，老时呈灰褐色，片状剥落。叶厚革质，椭圆状卵形或宽卵形，离基三出脉。雌雄异株，聚伞花序；花通常单性，萼片内面有腺点；花瓣通常 5，白色；雄蕊 5 束，花丝基部合生，花药萎缩；雌蕊柱头 5 裂。蒴果椭圆形，熟时裂为 5 个果瓣，每果瓣有 1 种子。

【习性、分布、用途】喜光，抗寒性较差，喜富含腐殖质的石灰质土壤。分布于我国广西南部、云南东南部和越南北部。木材力学特性极优越，为机械、车船、高级家具、特种建筑的珍贵用材。

图 5-18-1 蚬木

A. 树形 B. 树干 C. 枝叶背面 D. 枝叶正面

2. 破布叶（布渣叶）*Microcos paniculata*

【识别要点】灌木或小乔木，幼嫩部分被星状柔毛。单叶互生，纸质，卵形至倒卵状长圆形，长 8～18 cm，顶端渐尖或急尖，基部圆，边缘有细锯齿，两面疏被星状毛或变无毛，基出脉 3 条，叶质脆易破碎而得名，叶柄被星状毛。花组成顶生和腋生的聚伞圆锥花序。核果。

【习性、分布、用途】喜光，分布于我国南部。药用，枝叶可清热解毒、消滞，用于感冒、食滞、黄疸，常用量 15～30 g。

图 5-18-2 破布叶

A. 树形 B. 枝叶 C. 花枝 D. 果枝

G19 山竹子科 Guttiferae

1. 岭南山竹子 *Garcinia oblongifolia*

【识别要点】常绿乔木，树皮光滑不开裂，树皮浅灰棕色。枝条棕褐色，表皮光滑，折断后有少量白色乳汁。单叶对生，叶柄长约 1 cm，无毛，叶片倒卵状长圆形，表面亮绿，背面浅黄色，长 5～10 cm，宽 2～3.5 cm。花小，单性异株。浆果近球形，熟时青黄色。

图 5-19-1　岭南山竹子

A. 树形　B. 果枝

【习性、分布、用途】喜温湿，适生于沟谷密林，主要分布于广东、广西，是一种优良的水果。

2. 多花山竹子（木竹子）*Garcinia multiflora*

【识别要点】常绿小乔木，树皮灰褐色，不开裂；小枝圆柱形，绿色，具纵槽纹，有白色乳汁。单叶对生，叶片厚革质，卵形、长圆状卵形或长圆状倒卵形，顶端凹陷，渐尖或钝，基部楔形或宽楔形，边缘微反卷，干时背面苍绿色或褐色，中脉在叶背明显凸起。果卵圆形至倒卵圆形。

【习性、分布、用途】喜温湿，适生于山坡疏林或密林中，沟谷边缘或次生林或灌丛中，分布于我国华南。树皮入药，有消炎功效，可治各种炎症；木材暗黄色，坚硬，可供船板、家具及工艺雕刻用材。

图 5-19-2 多花山竹子

A. 树形 B. 枝叶 C. 花枝 D. 果枝

3. 铁力木 *Mesua ferrea*

【识别要点】常绿乔木，具板状根，高 20～30 m，树干端直，树冠锥形，树皮薄，暗灰褐色，薄叶状开裂，创伤处渗出带香气的白色树脂。叶全缘，单叶对生，嫩时黄色带红，老时深绿色，革质，通常下垂，披针形或狭卵状披针形至线状披针形，长 6～10 cm，宽 2～4 cm，顶端渐尖或长渐尖至尾尖，基部楔形，上面暗绿色，微具光泽，下面通常被白粉，侧脉极多数，成斜向平行脉，纤细而不明显。花白色芳香，两性，1～2 顶生或腋生。蒴果卵球形或扁球形，成熟后栗褐色，有纵皱纹，顶端花柱宿存，通常 2 瓣裂，基部具增大成木质的萼片和多数残存的花丝，果柄粗壮。花期 3—5 月，果期 8—10 月。

图 5-19-3 铁力木

A. 树形 B. 花果枝 C. 花

【习性、分布、用途】喜温湿环境，主要分布于中国云南、广东、广西以及印度、斯里兰卡、孟加拉等地。可供军工、造船、建筑、特殊机器零件和制作乐器、工艺美术品之用。铁力木种子含油量达 74%，可用于制作肥皂。是云南特有的珍贵阔叶树种，国家二级保护植物。新叶大面积红色可形成美丽的景观，为典型的新叶有色树种。

4. 歪歪果 *Garcinia xanthochymus*

【识别要点】乔木，树皮灰褐色，分枝细长，多而密集，平伸，先端下垂，通常披散重叠，小枝和嫩枝具明显纵棱。叶两行排列，厚革质，具光泽，椭圆形、长圆形或长方状披针形，长 20～34 cm，宽 6～12 cm，顶端急尖或钝，稀渐尖，基部楔形或宽楔形，中脉粗壮，两面隆起，侧脉密集，多达 35～40 对，网脉明显；叶柄粗壮，基部马蹄形，微抱茎，枝条顶端的 1～2 对叶柄通常玫瑰红色，干后有棱及横皱纹。伞房状聚伞花序，腋生或从落叶叶腋生出。浆果圆球形或卵球形，成熟时黄色，外面光滑。

【习性、分布、用途】生于沟谷和丘陵地潮湿的密林中，主产于云南和广西，广东有引种栽培。果供食用，茎叶浆汁内服可驱虫。

图 5-19-4 歪歪果

A. 树干 B. 侧枝正面 C. 叶背面 D. 果实

G20 杜英科 Elaeocarpaceae

乔木或灌木，单叶，对生或互生，有托叶。花通常两性，总状圆锥、二歧聚伞花序，萼 4～5，分离或合生，镊合状排列，花瓣 4～5 或无，顶端常撕裂或具缺齿，稀全缘，雄蕊多数，分离，生于花盘上，花药线形，顶孔开裂，子房上位。蒴果或核果。

1. 尖叶杜英 *Elaeocarpus apiculatus*

【识别要点】常绿大乔木，树干通直，常有板根，树皮平滑不裂，大枝轮生，树冠圆锥形，层次明显。叶大，倒卵状椭圆形，叶基两侧耳垂状，叶背中脉大而隆起。总状花序生于分枝上部叶腋，花冠白色，花瓣边缘流苏状，芳香。核果圆球形，熟时青褐色。夏秋为开花期。

【习性、分布、用途】喜光，喜温暖湿润高温气候，不耐干旱和贫瘠，喜肥沃湿润、富含有机质的土壤，深根性，抗风力强。产于我国海南、云南、广东、广西等，播种繁殖。大枝轮生，形成塔形树冠，盛花期一串串总状花序悬垂于枝梢，散发阵阵幽香，盛夏以后又是硕果累累，给人以充实的感觉。为优美的庭荫树、园景树及行道树。

图5-20-1 尖叶杜英

A. 树形 B. 树冠 C. 花枝 D. 果实

2. 水石榕 *Elaeocarpus hainanensis*

【识别要点】常绿小乔木，树冠整齐，分枝假轮生，层次明显，枝叶光滑无毛，叶聚集于枝顶，倒披针形，边缘有细锯齿，叶基下延至叶柄基部。总状花序白色下垂，有花2～6朵，花冠白色，花瓣有流苏状边缘，花大而苞片显著。核果纺锤形，两端尖，绿色。夏季为开花期，种子秋季成熟。

【习性、分布、用途】喜半阴，喜高温多湿气候，不耐干旱，喜湿润但不耐积水，须植于湿润排水良好之地，喜肥沃而富有机质的土壤，深根性，抗风力强。播种繁殖。两广、海南、福建、台湾有栽培。分枝多而密，树冠呈圆珠笔状锥形，花期长，花冠洁白淡雅，为常见的木本花卉，适于作庭园绿化树，为优美的园景树。

图 5-20-2 水石榕

A. 树形 B. 花枝 C. 果枝

3. 山杜英 *Elaeocarpus sylvestris*

【识别要点】常绿小乔木，高可达 10 m，小枝纤细，秃净无毛。叶纸质，倒卵形或倒披针形，上下两面均无毛，边缘有钝锯齿或波状钝齿，叶柄无毛。总状花序生于枝顶叶腋内。核果椭圆形，细小。4—5 月开花，8—10 月结果。

【习性、分布、用途】喜光。分布于中国广东、海南、广西、福建、浙江，江西、湖南、贵州、四川及云南，越南、老挝、泰国亦有分布，生于海拔 350～2 000 m 的常绿林里。树形优美，叶色红绿相间，是庭园观赏、“四旁”绿化、工矿区绿化和防护林优良树种。

图 5-20-3 山杜英

A. 树形 B. 花枝 C. 果枝

4. 猴欢喜 *Sloanea sinensis*

【识别要点】常绿小乔木，小枝红褐色，皮孔明显。叶柄两端膨大，全缘或中部以上有疏钝齿，下面网脉明显。花数朵生于枝顶或小枝上部叶腋，绿白色，下垂。蒴果球形，外面密被长刺。

【习性、分布、用途】喜阴，产于华南。树冠浓荫整齐，老叶红艳，宛若一朵朵盛开的红花，绚丽可爱。果时丹实累累，状似风栗。可作园景树及庭荫树。

图 5-20-4 猴欢喜

A. 树干 B. 枝叶 C. 果枝 D. 果实

5. 锡兰橄榄 *Canarium zeylanicum*

【识别要点】常绿乔木，树干通直，树皮褐色不开裂。枝条圆柱形，黄绿色。单叶互生，叶柄较长，两端膨大，淡红色，叶椭圆形，表面浓绿、光滑，边缘有锯齿，长 10～19 cm，宽 4～8 cm，嫩叶浅红，老叶凋落干后转为橘红色和浓红色。核果橄榄状。花期一般为 7—9 月，果期 11—12 月。

【习性、分布、用途】喜暖忌冻，在引种栽培时应注意选择向阳的坡地。原产于印度、锡兰，主要分布于福建、广东，其次为广西、海南、台湾，此外，四川、云南及浙江南部亦有少量分布。果大汁多，纤维较少，果胶含量较高，肉质柔嫩，口感滑爽，可加工腌渍成蜜饯。其果肉含丰富的多糖、蛋白质、脂肪、维生素 C 以及钙、磷等，营养价值较高。树干通直，树姿优雅，可作为公路以及街道的行道树。

图 5-20-5　锡兰橄榄

A. 树形　B. 树干及枝叶　C. 枝叶　D. 果枝

G21 梧桐科 Sterculiaceae

乔木、灌木，稀木质藤本或草本。树皮常有黏液或富含纤维，常具星状毛。单叶互生，有托叶。花单性或两性，圆锥花序或聚伞花序，稀单生，萼片 5，多数合生，花瓣 5 或无，雄蕊 5～15 条或更多，花丝常合生成筒状，稀分离，子房上位，2～5 室，稀为 10～12 室或单心皮。果干燥或稀肉质，开裂或不开裂，蒴果、蓇葖果、翅果或坚果。

68 属 1 100 种，主产于热带、亚热带，少数产于温带。我国约 10 属 84 种 3 变种，产于西南至华南各省区，以海南、云南最多。

1. 假苹婆 *Sterculia lanceolata*

【识别要点】常绿小乔木，枝纤维发达，皮孔明显。单叶互生，叶柄较长，两端膨大，叶椭圆形、披针形或椭圆状披针形，长 9～20 cm，宽 3.5～8 cm，顶端急尖，基部钝形或近圆形，全缘，羽状脉，侧脉每边 7～9 条，弯拱，在近叶缘不明显连结。圆锥花序腋生，黄白色，密集多分枝。蓇葖果鲜红色，顶端有喙，种子黑褐色，椭圆状卵形。

【习性、分布、用途】喜阳光，喜温暖湿润气候，对土壤要求不严，根系发达，速生。分布于我国华南地区。树干通直，树冠球形，翠绿浓密，果鲜红色，下垂，观赏价值高，可作园林风景树和绿荫树。

图 5-21-1 假苹婆

A. 树形 B. 花序 C. 果与种子

2. 苹婆 *Sterculia nobilis*

【识别要点】常绿乔木，树冠广伞形，树皮褐黑色，小枝幼时略有星状毛。叶大，宽椭圆形至倒卵状椭圆形，革质；叶柄粗壮，长 2～3.5 cm，两端膨大呈哑铃状，托叶早落。圆锥花序，无花瓣，萼裂至中部。蓇葖果，熟时红褐色。

【习性、分布、用途】喜温湿，产于台湾、福建、两广和贵州。树大荫浓，可作园景树。种子含淀粉及糖，味似板栗，可食。果皮药用，治痢疾。

3. 翻白叶树 *Pterospermum heterophyllum*

【识别要点】常绿乔木，树皮富含纤维，嫩枝、叶柄、花梗及果皮均密被星状毛。叶异型，幼树及萌芽枝上的叶盾形，掌状 3～5 裂，大树之叶椭圆形，基部稍偏斜，背面被黄褐色茸毛。聚伞花序。蒴果纺锤形。

【习性、分布、用途】喜温，适应性强。为典型的双色叶树。分布于华南、西南地区，可作园景树、庭荫树和行道树。

4. 长柄银叶树 *Heritiera angustata*

【识别要点】常绿乔木，树高达 12 m，树皮灰褐色，枝条黄褐色。单叶互生，叶柄较长，圆柱形，两端明显膨大，叶革质，上面无毛，全缘，表面绿色，下面被银白色或带金黄色的鳞秕，光亮。圆锥花序顶生或腋生，粉红色，细小。

图 5-21-2　苹婆

A. 树形　B. 花枝　C. 果枝

图 5-21-3　翻白叶树

A. 树形　B. 枝叶正面　C. 枝叶背面

图 5-21-4 长柄银叶树

A. 树干 B. 枝叶背面 C. 花序 D. 果枝

【习性、分布、用途】喜光，分布在广东、海南和云南，生于山地或近海岸附近，柬埔寨也有分布。心材灰褐色，结构细密，质坚而重，不受虫蛀，耐水浸泡，为做船板的良材。园林栽培可作绿化树。

5. 蝴蝶树 *Heritiera parvifolia*

【识别要点】常绿乔木，树皮银灰色，内皮浅红色，嫩枝被锈色鳞秕。叶革质，椭圆状披针形，上面无毛，绿色，下面密被银白色或褐色鳞秕。圆锥花序腋生，花小，白色，单性，果有长翅。

【习性、分布、用途】喜气温高、雨量充沛、土壤肥厚、湿度大的静风湿润环境，产于我国海南岛。材质重，硬而韧，干燥后不裂，为名贵的造船材、优良的建筑材、上等的家具材。

图 5-21-5 蝴蝶树

A. 树形 B. 树干及侧枝 C. 叶正面 D. 叶背面

6. 佛肚树（瓶子树）*Brachychiton rupestris*

【识别要点】高可达 20 m 以上，树冠宽阔，树干基部膨大如佛肚或酒瓶而得名，内储大量可食微甜汁液。枝圆柱形，略呈灰白色。单叶互生，叶条状披针形，略扭曲，叶柄黄褐色，弯曲，两端淡红色，明显膨大，中脉黄褐色突出，侧脉不明显。

【习性、分布、用途】耐干旱，喜微酸性土壤，原产于澳洲昆士兰及南威尔斯的干燥地带，胖胖的体型被认为是对干旱气候的适应。我国南部引栽作观赏树。

图 5-21-6 佛肚树

A. 树形 B. 枝叶 C. 叶片

7. 翅苹婆 *Pterygota alata*

【识别要点】常绿大乔木，高达 30 m；树皮灰色或褐灰色；小枝幼时密被金黄色短柔毛。叶大，心形或广卵形，长 13～35 cm，宽 10～17 cm，顶端急尖或钝，基部截形、心形或近圆形，成长时两面均无毛，叶柄长 5～15 cm，托叶钻状。圆锥花序生于叶腋，比叶柄短，花稀疏，红色。蓇葖果木质，扁球形，种子顶端有长而阔的翅。

【习性、分布、用途】喜湿热，产于中国海南岛南部（昌江、东方、乐东、陵水），生于山坡的疏林中，越南、印度、菲律宾也有分布。广州引种栽培作观赏树。

图 5-21-7 翅苹婆

A. 板根 B. 树干及侧枝

G22 木棉科 Bombacaceae

乔木，叶互生，单叶掌状分裂至掌状复叶，全缘，托叶早落。花大而显著，两性，单生或成圆锥花序，花萼 5 裂，裂片微覆瓦状排列，其下常具副萼，花瓣 5，较长而厚，或有时无花瓣，雄蕊通常多数，分离或连成管状，花药 1 室，子房上位，2～5 室，每室 2 至多数胚珠，中轴胎座。木质蒴果，室背开裂或不裂，果皮内壁有长毛，种子埋于其中。

约 20 属 180 种，分布于热带，以美洲为多。我国 1 属 2 种，另引入 2 属 2 种。

1. 木棉 *Bombax malabaricum*

【识别要点】落叶乔木。树干及大枝均密生圆锥形皮刺，大枝轮生。掌状复叶，小叶 5～7 片，椭圆形或椭圆状披针形，全缘，无托叶。花大红色，早春先叶开放，丛生于枝梢近端；子房上位，5 室，每室胚珠多数，中轴胎座。蒴果内有长毛。种子多数，黑色。花期 2—4 月，果期 6—7 月。

【习性、分布、用途】喜温喜光，耐旱耐湿，对土壤要求不严。分布于华南和西南，为热带季雨林的代表种。树形高大雄伟，树冠整齐，花开时似万盏华灯齐放，极为壮观。为

图 5-22-1 木棉

A. 树干 B. 侧枝 C. 花枝 D. 花

优良的园景树和行道树。材质轻，为广东四种特轻木材之一。

2. 美丽异木棉 *Ceiba speciosa*

【识别要点】落叶乔木。高 12～18 m，树冠呈伞形，叶色青翠，树干下部膨大，呈酒瓶状，树皮绿色，密生圆锥状皮刺。叶互生，掌状复叶有小叶 3～7 片，小叶椭圆形，长 7～14 cm。花单生，花冠淡粉红色，中心白色，花瓣 5，反卷，花丝合生成雄蕊管，包围花柱。花期为每年的 10—12 月，冬季为盛花期。

【习性、分布、用途】喜光耐阴，原产于南美，现热带广为栽培，是优良的观花乔木，也是庭园绿化和美化的高级树种，可用作高级行道树和园林造景。

图 5-22-2 美丽异木棉

A. 树干 B. 侧枝 C. 树形（花期） D. 果

3. 发财树 *Pachira macrocarpa*

【识别要点】常绿乔木，树皮青绿色，光滑无毛，幼枝褐色，无毛。掌状复叶，总叶柄较长，小叶 5～9，具短柄或近无柄，长圆形至倒卵状长圆形，渐尖，基部楔形，全缘，光滑无毛，外侧小叶渐小，中脉在背面隆起，侧脉 16～20 对。花白色，单生枝顶叶腋。蒴果木质近梨形，内面密被长绵毛。

【习性、分布、用途】喜光耐阴，原产于中美墨西哥至哥斯达黎加，现我国南方广为栽培作园林绿化树。

图 5-22-3 发财树

A. 树形 B. 枝叶背面 C. 果实

G23 锦葵科 Malvaceae

1. 黄槿 *Hibiscus tiliaceus*

【识别要点】常绿小乔木，主干不明显。单叶互生，有成对的浅黄色托叶，早落，在枝条上留有明显的托叶环痕，叶革质，掌状脉，7～9 条，下表面密被星状茸毛，心脏形或圆形，长 8～14 cm，宽 9～19 cm，全缘，基部心形，先端锐尖，叶柄长 3～6 cm。花黄色，单体雄蕊，雄蕊筒包围花柱。蒴果球形，开裂。

【习性、分布、用途】喜阳光，生性强健，耐旱、耐贫瘠，土壤以沙质壤土为佳。分布于我国广东、福建等地。抗风力强，有防风固沙之功效。耐盐碱能力好，适合海边种植。树皮纤维供制绳索，木材坚硬致密，耐朽力强，适于建筑、造船及家具等用。

图 5-23-1 黄槿

A. 树形 B. 侧枝 C. 枝叶 D. 花

2. 木芙蓉 *Hibiscus mutabilis*

【识别要点】落叶灌木或小乔木。枝有毛，叶掌状五浅裂，有锯齿。花于枝端叶腋间单生，花大艳丽，花色丰富。

【习性、分布、用途】原产于中国。喜温暖、湿润环境，不耐寒，忌干旱，耐水湿，对土壤要求不高，瘠薄土地亦可生长。花、叶均可入药，有清热解毒、消肿排脓、凉血止血之效。木芙蓉是成都市市花，其花语为纤细之美、贞操、纯洁。

图 5-23-2 木芙蓉

A. 树形 B. 花枝 C. 花 D. 花瓣与雄蕊

G24 大戟科 Euphorbiaceae

木本、草本、乔木或灌木，不少种类体内常有白色乳汁。叶柄顶端常有 2 个腺体，有托叶，单叶多互生，极少对生（如红背桂），少数为三出复叶（秋枫）。花单性单被，有花盘，雄蕊多数，子房上位，3 室，每室有 1～2 颗胚珠，中轴胎座。核果、蒴果、浆果。约 300 属 8 000 余种，我国 60 余属 370 种。主要分布于亚热带地区。可分为两个亚科。

（1）巴豆亚科 有乳汁，有腺体；托叶短而稍钝；子房每室 1 胚珠。

（2）余甘子亚科 无乳汁，无腺体；托叶长而尖；子房每室 2 胚珠。

1. 石栗 *Aleurites moluccana*

【识别要点】常绿乔木，高达 18 m，树皮暗灰色，浅纵裂至近光滑。叶宽卵形，全缘、波状或掌状 3～5 浅裂，基出脉 3～5 条，叶柄密被星状微柔毛，顶端有 2 枚扁圆形淡黄色腺体。花雌雄同株，同序或异序。核果近球形。

【习性、分布、用途】喜光，原产于巴西，华南引栽，作行道树及园景树。

图 5-24-1 石栗

A. 花枝 B. 幼枝叶 C. 果枝

2. 山乌桕 *Sapium discolor*

【识别要点】落叶小乔木，树皮粗糙，体内具白色乳汁。叶柄较长，顶端有 2 腺体；单叶互生，椭圆形，羽状脉，侧脉细密，中脉在叶背隆起，叶片在秋季落叶前变为淡红色。

圆锥状聚伞花序，花单性同株，黄绿色。蒴果黑色，球形。

【习性、分布、用途】喜光，生于酸性土壤地区的疏林，在较干旱地区也能生长。中国特产。为优美的秋色叶树。

图 5-24-2 山乌桕

A. 树形 B. 秋叶 C. 枝叶 D. 果枝

3. 乌桕 *Sapium sebiferum*

【识别要点】落叶乔木，树皮暗灰色，有纵裂纹。枝广展，具皮孔，枝叶无毛，有白色乳汁。单叶互生，纸质，叶片菱形，顶端具长尖头，全缘；叶柄纤细，顶端具 2 腺体；托叶顶端钝。花单性同株，总状花序。蒴果球形，成熟时黑色。

【习性、分布、用途】喜光树种，生于旷野、塘边或疏林中。分布于我国黄河以南各省区，根皮、树皮、叶入药。是我国南方重要的工业油料树种。

图 5-24-3 乌桕

A. 树干 B. 树形 C. 花枝 D. 果实

4. 蝴蝶果 *Cleidiocarpon cavaleriei*

【识别要点】常绿乔木，幼枝、花枝、果枝均有星状毛。叶集生小枝顶端，长椭圆形，全缘，先端长尖，叶柄两端膨大呈哑铃状，顶端具 2 个黑色小腺体。圆锥花序，顶生，花单性同序，上部为雄花，较小，下部为 1～3 朵雌花，较大。果实为核果状，单球形或双球形。种子近球形。

【习性、分布、用途】喜光树种，分布于贵州、云南和广西三省区，越南和缅甸也有分布。树形美观，枝叶浓绿，是城镇绿化的好树种。

图 5-24-4 蝴蝶果

A. 树形 B. 侧枝 C. 枝叶 D. 果实

5. 五月茶 *Antidesma bunius*

【识别要点】常绿乔木，高达 10 m。小枝有明显皮孔，老枝灰白，幼枝青绿色。单叶互生，2 列排列，叶片纸质，长椭圆形，叶顶端急尖至圆，有短尖头，基部宽楔形或楔形，叶面深绿色，常有光泽，叶背绿色；侧脉每边 7～11 条，在叶面扁平，干后凸起，在叶背稍凸起；托叶线形，早落。穗状花序顶生，雌雄同株，核果近球形或椭圆形，成熟时红色。

【习性、分布、用途】喜阳光充足、温暖环境，耐干旱，忌积水，喜排水良好的土壤。我国各地均有栽培绿化观赏。

图 5-24-5 五月茶

A. 树形 B. 侧枝 C. 花序 D. 果实

6. 黄桐 *Endospermum chinense*

【识别要点】常绿乔木，树皮灰褐色。枝叶灰黄色，有星状微柔毛，叶痕明显，灰白色。叶互生，叶柄较长，叶薄革质，椭圆形，顶端短尖至钝圆形，基部浅心形，全缘，基部有 2 枚球形腺体，侧脉 5～7 对，托叶三角状卵形。花序生于枝条近顶部叶腋。果近球形。

【习性、分布、用途】喜阴湿，分布于福建南部、广东、海南、广西和云南南部，生于海拔 600 m 以下山地常绿林中。药用治跌打。

图 5-24-6 黄桐

A. 树干 B. 侧枝 C. 枝叶 D. 叶柄腺体

7. 血桐 *Macaranga tanarius*

【识别要点】常绿小乔木，嫩枝被黄褐色柔毛，小枝粗壮，有红色树液。叶纸质，近圆形，顶端渐尖，基部盾状着生，全缘或具浅波状小齿，下面密生颗粒状腺体，掌状脉 9～11 条，侧脉呈同心圆形，叶柄较长，托叶膜质，早落。花序圆锥状。蒴果具 2～3 个分果，密被长软刺。

【习性、分布、用途】喜高温湿润气候，生活力甚强，耐盐碱，抗大气污染，生于沿海灌木林或次生林中。分布于我国台湾、广东和广西等省区，有保持水土功能，可作海岸防护林树种。

图 5-24-7 血桐

A. 树形 B. 枝叶 C. 花枝 D. 果枝

8. 中平树 *Macaranga denticulata*

【识别要点】乔木，小枝粗壮，具纵棱，枝叶花均具茸毛，无乳汁。单叶互生，叶柄长，叶盾状着生，掌状脉，侧脉呈现同心圆形，托叶披针形，早落。花序圆锥状，有褐色毛。蒴果。

【习性、分布、用途】喜光，分布于东南亚一带，我国产于海南。药用可清湿热。

图 5-24-8 中平树

A. 树形 B. 侧枝 C. 叶形

9. 木油桐（千年桐、皱桐）*Vernicia montana*

【识别要点】落叶乔木，高 10～18 m。树皮浅褐色，平滑。叶互生，异型，心形或阔卵形，长 10～20 cm，宽 8～20 cm，顶端渐尖，基部心形或截平，全缘或 3～5 浅裂，柄端有 2 杯状而有柄的腺体，裂隙底有腺体。花白色。果皮有网纹，具 3 条纵棱，棱间有粗疏网状皱纹。

【习性、分布、用途】喜光，生于海拔 1 300 m 以下的疏林中，分布于我国华南。为主要工业油料树种。

10. 油桐 *Vernicia fordii*

【识别要点】落叶乔木，高可达 10 m；树皮灰色，近光滑；枝条粗壮，无毛。叶片卵圆形，顶端短尖，基部截平至浅心形，下面灰绿色，叶柄与叶片近等长，无毛。花雌雄同株，先叶或与叶同时开放，花瓣白色，有淡红色脉纹，子房密被柔毛。核果近球状，果皮光滑，种子种皮木质。3—4 月开花，8—9 月结果。

与木油桐的主要区别在：叶多全缘，柄端腺体无柄。果皮光滑。

【习性、分布、用途】适生于海拔 1 000 m 以下丘陵山地，分布于中国陕西、河南、江苏、安徽、浙江、江西、云南等省区。为工业油料树种。

图 5-24-9 木油桐

图 5-24-10 油桐

11. 秋枫 *Bischofia javanica*

【识别要点】常绿乔木，树干通直，树皮灰褐色至棕褐色，老树皮粗糙。三出复叶，总叶柄长 8～20 cm；小叶片纸质，卵形、椭圆形，顶端短尾状渐尖，基部宽楔形至钝，边缘具粗锯齿（2～3 个 /cm），顶生小叶柄长 2～5 cm，侧生小叶柄长 5～20 mm。花小，雌雄异株，多朵组成腋生的圆锥花序。浆果近圆球形，蓝黑色，密集。

【习性、分布、用途】阳性树种，在我国华南地区有栽培，适宜庭园树和行道树种植，也可在草坪、湖畔、溪边、堤岸栽植。叶可作绿肥，也可治无名肿毒；根有祛风消肿作用，主治风湿骨痛、痢疾等。

12. 重阳木 *Bischofia polycarpa*

【识别要点】落叶乔木，高达 15 m，树皮褐色，树冠伞形，大枝斜展，小枝无毛，当年生枝绿色，老枝变褐色。三出复叶，叶缘有细锯齿（4～5 个 /cm）。花雌雄异株，春季与叶同时开放，总状花序。浆果熟时红褐色。

【习性、分布、用途】喜温湿，原产于我国，现秦岭、滩河流域广为栽培，宜作庭荫树和行道树，对 SO_2 有一定抗性，可用于厂矿、街道绿化。

图 5-24-11 秋枫

A. 树形 B. 枝叶 C. 果枝

图 5-24-12 重阳木

A. 树形 B. 树干 C. 侧枝

13. 光叶巴豆 *Croton laevigatus*

【识别要点】乔木，高 8～12 m，幼嫩部分全被星状鳞片，枝灰褐色。叶互生或小枝顶端近轮生；叶柄长 1～5 cm，被灰色细毛，托叶钻状，长约 2 mm，早落；小叶片薄革质，椭圆形或长圆状椭圆形，长 7～25 cm，宽 3～9 cm，两端渐狭而钝，中部最宽，基部的腺体通常着生在中脉的两侧，无柄，边缘有稀疏、具腺体的细齿，叶表面绿色，背面灰褐色，侧脉 10～13 对。总状花序簇生于枝顶。蒴果倒卵形。

【习性、分布、用途】喜阴湿环境，生于密林、疏林、山谷、溪边或山坡灌丛中，分布于广东、海南、云南等地。根、叶药用，可通经活血，种子可通便。

图 5-24-13 光叶巴豆

A. 树形 B. 侧枝 C. 叶形

14. 肖黄栌（红叶乌桕）*Euphorbia cotinifolia*

【识别要点】落叶小乔木或灌木，植物体有乳汁，小枝及叶片均为暗紫红色。单叶常 3 枚轮生，卵形至圆卵形，具长柄。杯状花序排成伞形状，顶生或腋生，黄白色，花盘具盘状蜜腺。蒴果。

【习性、分布、用途】喜光及排水良好的土壤，耐半阴和贫瘠。扦插繁殖，植物体的乳汁有毒，接触后能引起红肿，扦插时须戴手套。其叶形如漆树，因其茎、叶均呈红色故名，其叶形也像乌桕，故也有“红叶乌桕”之称。常年红叶，浓艳华丽，可与万绿林丛相映成景，为著名红叶观赏植物，在园林中可点缀草坪或植于水滨。

图 5-24-14 肖黄栌

A. 树形 B. 枝叶

G25 蜡梅科 Calycanthaceae

1. 蜡梅 *Chimonanthus praecox*

【识别要点】落叶灌木，茎丛生。单叶对生，无托叶，椭圆状卵形至卵状披针形。花黄色，生于叶腋，先花后叶，芳香。

【习性、分布、用途】适生于山地密林中，耐阴，耐寒，耐干旱，我国南方各省均有分布，日本、朝鲜和欧洲、美洲均有引种栽培，主要作观花灌木，可作切花。

图 5-25-1 蜡梅

A. 植株 B. 花

2. 亮叶蜡梅 *Chimonanthus nitens*

【识别要点】常绿灌木，株高 1.5～2.5 m。单叶对生，叶卵状披针形，叶面粗糙，有光泽，具浓郁香味。花较小，后叶开放，淡黄色，花期为 10 月至翌年 1 月。

图 5-25-2 亮叶蜡梅

A. 植株 B. 侧枝 C. 叶序与叶形 D. 花枝

【习性、分布、用途】喜阳光，略耐阴，较耐寒，耐旱，有“旱不死的蜡梅”之说，对土质要求不严，但以排水良好的轻壤土为宜。我国大部分省区有分布，作观花灌木栽培。

G26 蔷薇科 Rosaceae

草本、灌木或乔木，常有枝刺及明显皮孔。单叶或复叶，互生，托叶常附生于叶柄上。花两性，整齐，花托凸起或凹陷，花被与雄蕊常合成碟状、钟状，杯状或圆筒状的花筒（又称萼筒或花托筒），萼片5，花瓣5，覆瓦状排列，蔷薇花冠，雄蕊多数，花丝分离，子房上位至下位，心皮1至多数，分离或合生，花柱与心皮同数。梨果、核果、瘦果、蓇葖果，稀蒴果、聚合果等。

约124属3 300余种，我国约有51属1 000余种，遍布全国各地。为被子植物的五大名科之一。该科植物有众多的观赏花卉、食用水果及药用植物，经济价值高。是双子叶植物的典型代表。由于在本科中有较多的花卉和水果，故有“花果之乡”之称。常见的亚科有以下4个：

（1）绣线菊亚科 Spiraeoideae Agardh　果为开裂的蓇葖果或蒴果；子房上位，心皮1～5，合生；常无托叶。

（2）蔷薇亚科 Rosoideae Focke　瘦果，不开裂；子房上位，心皮多数，离生；有托叶。

（3）苹果亚科 Maloideae Weber　梨果；子房上位，单心皮或2～5心皮合生；有托叶。

（4）李亚科 Prunoideae Focke　核果；子房上位，心皮1枚；有托叶。

4个亚科的主要区别在于其果实类型，其中梨果为本科植物所特有。

1. 贴梗海棠 *Malus spectabilis*

【识别要点】落叶小乔木，高可达8 m；小枝粗壮，圆柱形，幼时具短柔毛，逐渐脱落，老时红褐色或紫褐色，无毛。叶片椭圆形至长椭圆形，边缘有紧贴细锯齿，有时部分近于全缘。花白色，在芽期呈粉红色，先叶开放，花序近伞形，有花3～6朵。果实近球形，黄色。

【习性、分布、用途】多生长在海拔50～2 000 m的平原和山地，素有“国艳”之誉。是中国的特有植物，观赏及作果树。

图5-26-1　贴梗海棠

A. 树形　B. 花

2. 枇杷 *Eriobotrya japonica*

【识别要点】常绿乔木，小枝、叶柄及叶背均密被锈色茸毛。叶革质，倒卵状披针形至矩圆状椭圆形，缘具半锯齿。圆锥花序顶生，白色，芳香。梨果近球形或倒卵形，熟时橙黄色。花期 10—12 月，果期翌年 5—6 月。

【习性、分布、用途】喜光，耐污染，原产于四川、湖北，长江流域以南广为栽培。树冠圆整，叶大荫浓，常绿而有光泽；冬日白花盛开，初夏果实金黄满枝，正是“五月枇杷黄似橘”“树繁碧玉叶，柯叠黄金丸”。对 SO_2 及烟尘有一定抗性，是园林中观果、观花、观叶与食用兼备的好树种。

图 5-26-2 枇杷

A. 树形　B. 枝叶　C. 花序　D. 果枝

3. 李 *Prunus salicina*

【识别要点】落叶乔木。小枝无毛。叶长圆状倒卵形至倒披针形，缘具细钝的重锯齿，叶柄近顶端有 2～3 腺体。花常 3 朵簇生，早春先叶开放，白色。果卵球形，绿色、黄色或紫色。花期 3—4 月，果期 7—9 月。

【习性、分布、用途】喜温暖湿润环境。产于华东、华中、华北、东北南部，全国各地有栽培。花白而繁茂，为优良的观花树种、蜜源植物。朝鲜国花。

图 5-26-3 李

A. 树形（花期） B. 花枝 C. 花序 D. 果实

4. 梅 *Prunus mume*

【识别要点】落叶小乔木。常有枝刺，小枝绿色，无毛。叶卵形至宽卵形，先端长渐尖或尾尖，缘具细锐锯齿，下面沿脉有毛。花单生或 2 朵并生，白色、淡粉红色或红色。果近球形，绿黄色，被细毛，味酸。

【习性、分布、用途】性耐寒，原产于我国，东自台湾，西至西藏，南自广西，北至湖北均有天然分布。我国传统名花之一。树姿、花色、花态、花香俱佳，是中国国花。

图 5-26-4 梅

A. 树形 B. 枝叶 C. 花 D. 花枝

5. 桃 *Prunus persica*

【识别要点】落叶小乔木。小枝红褐色或褐绿色；冬芽常 3 枚并生，被灰色茸毛。叶椭圆状披针形，缘具细锯齿，叶柄具腺体。花单生，早春先叶开放，粉红色。果皮具毡毛。花期 3—4 月，果期 6—7 月。

【习性、分布、用途】适生性强，栽培简易，原产于我国中部和北部，现广为栽培。为我国早春主要观花树种之一，亦是我国传统的水果。

图 5-26-5　桃

A. 树形　B. 侧枝　C. 花期　D. 果实

6. 东京樱花 *Cerasus yedoensis*

【识别要点】落叶乔木，树皮有明显横向皮孔。叶互生，卵形至卵状椭圆形，先端尖锐或成尾尖，边缘有芒状锯齿，表面浓绿色有光泽，背面灰绿色，疏生柔毛；叶柄无毛，有 2～4 腺体。花白色或红色，3～5 朵形成伞房花序或短总状花序。核果球形，黑色。

图 5-26-6 樱花

A. 树形 B. 侧枝 C. 枝叶 D. 花枝

【习性、分布、用途】性喜阳光和温暖湿润的气候条件，有一定抗寒能力，先花后叶，我国广为栽培，花色鲜艳亮丽，枝叶繁茂旺盛，是早春重要的观花树种，常用于园林观赏。为日本国花。

G27 含羞草科 Mimosaceae

多为乔木或灌木，少数为草本植物。叶多为二回羽状复叶，稀一回羽状复叶或叶片退化成叶状柄，互生，具托叶，叶轴常有腺体，小叶中脉常偏斜。穗状、头状或总状花序，花小，两性，辐射对称，花萼管状，裂片镊合状排列，稀覆瓦状排列，花瓣与萼齿同数，镊合状排列，雄蕊 5～10 或多数，分离或合生成单体雄蕊，花丝细长，子房上位，1 心皮 1 室，边缘胎座，荚果。

约 56 属 2 800 种，全世界热带、亚热带及温带地区有分布，中国连引入栽培的共有 17 属约 63 种，主产于南部和西南部。

1. 银合欢 *Leucaena leucocephala*

【识别要点】半常绿灌木或小乔木，幼枝被短柔毛，老枝具褐色皮孔，无刺。二回羽状复叶，羽片 4～8 对，叶轴被柔毛；小叶 5～15 对，线状长圆形，先端急尖，基部楔形，边缘被短柔毛。头状花序通常 1～2 个腋生，白色。荚果带形，排列密集。

图 5-27-1 银合欢

A. 树形 B. 花枝 C. 花序

【习性、分布、用途】耐旱力强，原产于热带美洲，我国分布于台湾、福建、广东、广西和云南。生于低海拔的荒地或疏林中。为荒山造林树种，亦可作咖啡或可可的荫蔽树种或植作绿篱，木质坚硬，为良好之薪炭材。

2. 台湾相思 *Acacia confusa*

【识别要点】常绿乔木，枝灰色或褐色，无刺，小枝纤细。幼苗为羽状复叶，后复叶退化成叶状柄，叶状柄条形，宽约 1 cm，具纵向弧形脉 3～7 条，基部具腺体。头状花序球形，单生或 2～3 个簇生于叶腋，直径约 1 cm；总花梗纤弱，长 8～10 mm；花金黄色，微香。荚果扁平扭曲。

【习性、分布、用途】适应性强，生长迅速，耐干旱，为华南地区荒山造林、水土保持和沿海防护林的重要树种。材质坚硬，可作车轮、桨橹及农具等用。

图 5-27-2　台湾相思

A. 树形　B. 侧枝　C. 花序　D. 果实

3. 马占相思 *Acacia mangium*

【识别要点】常绿乔木，高达 18 m，树皮粗糙，主干通直，树型整齐，小枝有棱。叶大，生长迅速，叶状柄纺锤形，长 12～15 cm，中部宽，两端收窄，纵向平行脉 4 条。穗状花序腋生，下垂，花淡黄白色。荚果扭曲。花期 10 月。

【习性、分布、用途】喜光、浅根性。根部有根瘤菌共生，分布在澳大利亚、巴布亚新几内亚、印度尼西亚。我国海南、广东、广西、福建有栽培。为优良的行道树及造纸材。

图 5-27-3 马占相思

A. 树形 B. 树冠 C. 花序 D. 果 E. 幼苗

4. 大叶相思 *Acacia auriculiformis*

【识别要点】常绿乔木，树皮平滑，灰白色。小枝有棱、绿色下垂，皮孔显著。叶状柄较宽，1～3 cm，稍弯曲呈镰状。穗状花序，1 至数枝簇生于叶腋或枝顶，橙黄色。荚果初始平直，成熟时扭曲成圆环状。

【习性、分布、用途】喜光喜湿润，耐温怕霜冻，适生于季风气候。原产于澳大利亚北部及新西兰，中国广东、广西、福建有引种，为优良的行道树和绿荫树。对 SO_2 及机动车尾气有较强的抗性。

图 5-27-4 大叶相思

A. 树形 B. 侧枝 C. 花枝 D. 果枝

5. 海红豆 *Adenanthera pavonlna*

【识别要点】落叶乔木，嫩枝微被柔毛。二回羽状复叶，羽片 2～4 对，小叶互生，矩圆形，先端圆钝或微凹，叶轴无腺体，小叶中脉不偏斜。总状花序，单生于叶腋或在枝顶排成圆锥花序，被短柔毛；花小，白色或淡黄色，有香味。果扭曲，种子鲜红色，近圆形至椭圆形，有光泽。

【习性、分布、用途】喜温暖湿润气候，喜光，稍耐阴，对土壤条件要求较严格，喜土层深厚、肥沃、排水良好的沙壤土，我国沿海各省均有栽培，为优良的绿荫树及园景树。

图 5-27-5 海红豆

A. 树形 B. 侧枝 C. 花枝 D. 果枝

6. 银叶金合欢 *Acacia podalyriifolia*

【识别要点】灌木或小乔木，高 2～4 m。树皮粗糙，褐色，枝条被灰白色柔毛，有腺体。幼苗期为羽状复叶，后叶片退化直至消失，银色的叶柄逐渐变宽，形如单叶。头状花序金黄色，1 或 2～3 个簇生于叶腋。荚果膨胀，近圆柱状，褐色，无毛，劲直或弯曲。花期 3—6 月，果期 7—11 月。

【习性、分布、用途】适生于阳光充足，土壤较肥沃、疏松处，产于浙江、台湾、福建、广东、广西、云南、四川。根及荚果含丹宁，可为黑色染料，入药能收敛、清热；花很香，可提香精。

图 5-27-6 银叶金合欢

A. 植株 B. 侧枝 C. 花序 D. 果实

7. 大叶合欢 *Cylindrokelupha turgida*

【识别要点】落叶乔木。二回偶数羽状复叶，互生，羽片 2～4 对，叶柄及最下一对羽片的叶轴上有一大腺体，小叶 4～8 对，斜矩圆形，中脉上偏 2/3。头状花序黄白色。荚果扁带状。

【习性、分布、用途】适生于阳光充足温暖湿润环境，产于浙江、台湾、福建、广东、广西、云南。枝叶茂密，花素雅芳香，为良好的庭园观赏树木，可作庭园风景树和行道树。

图 5-27-7　大叶合欢

A. 树形　B. 枝叶　C. 头状花序　D. 叶轴及复叶

8. 南洋楹 *Albizia falcataria*

【识别要点】常绿乔木。树干粗壮，光滑，二回羽状复叶，羽片及小叶均对生，叶柄基部有一盘状腺体，叶轴上部有 2～5 腺体。小叶矩圆形，中脉显著上偏，形同菜刀。头状花序白色。果通直。

【习性、分布、用途】阳性树种，不耐阴，喜暖热多雨气候及肥沃湿润土壤。具根瘤菌，速生，为速生丰产林树种。树干高耸，树冠绿荫如伞，为优良的绿荫树和庭园风景树。也是优良的造纸材料。

图 5-27-8 南洋楹

A. 树干 B. 树形 C. 复叶背面 D. 复叶正面

G28 苏木科 Caesalpiniaceae

多为乔木或灌木，稀为草本。叶多为一至二回羽状复叶，稀单叶，具托叶，叶轴常无腺体，极少有棒状腺体，小叶中脉不偏斜。花两性，稍不整齐，排成总状、穗状、圆锥花序，稀为聚伞花序，萼片 5，分离或上面 2 枚合生，覆瓦状排列，花瓣 5，上部的一枚在最内面，呈上升覆瓦状，雄蕊 10，分离，子房上位，1 心皮 1 室，边缘胎座。荚果开裂。

156 属 2 800 多种，产于全世界热带、亚热带及温带地区，我国 18 属约 120 种，主产于华南和西南部。

1. 黄槐 *Cassia surattensis*

【识别要点】灌木或小乔木，高 5～7 m。分枝多，树皮颇光滑，灰褐色，嫩枝、叶轴、叶柄被微柔毛。一回偶数羽状复叶，小叶对生，叶轴基部有 2～3 个棍棒状腺体，小叶矩圆形，先端圆钝或微凹，基部歪。花序伞房状总状花序，黄色，花期长，全年。荚果条形、扁平。

【习性、分布、用途】喜光，要求深厚而排水良好的土壤，生长快，繁殖、栽培都较容易。主产于我国华南，为优良的行道树及园景树。

图 5-28-1 黄槐

A. 树形 B. 侧枝 C. 花 D. 果枝

2. 金边黄槐 *Cassia bicapsularis*

【识别要点】半落叶灌木，多分枝。一回偶数羽状复叶，有小叶 3～4 对，小叶倒卵形或倒卵状长圆形，常有黄色边缘。伞房式总状花序顶生或腋生，花色鲜黄。荚果圆柱形。

【习性、分布、用途】喜光及高温湿润气候，喜肥，分布于华南热带季雨林及雨林区主要城市，常单植、丛植或列植成绿篱，也可作栅栏或矮墙的垂直绿化。

图 5-28-2 金边黄槐

A. 树形 B. 侧枝 C. 花枝 D. 果枝

3. 凤凰木 *Delonix regia*

【识别要点】落叶大乔木，树皮粗糙，灰褐色；树冠伞形，分枝多而开展；小枝常被短柔毛并有明显的皮孔。叶为二回羽状复叶，羽片和小叶均对生，叶轴无腺体，中脉不偏斜，小叶矩圆形，基部偏斜，托叶羽状。伞房状总状花序，鲜红色。果长 25～60 cm。花期 5—8 月，果期 10 月。

【习性、分布、用途】喜高温多湿和阳光充足环境，原产于非洲，我国华南及西南引栽。树冠如张伞，叶形似羽毛，花大而艳，是热带地区著名的观赏树，华南多作园景树及行道树。

图 5-28-3 凤凰木

A. 树形（花期） B. 侧枝 C. 花枝 D. 果枝

4. 格木 *Erythrophleum fordii*

【识别要点】常绿大乔木。幼嫩部分小枝初时均被锈色柔毛，叶互生，二回羽状复叶，羽片 2～4 对，近对生，小叶互生，卵形或卵状椭圆形，两面有光泽，中脉稍偏斜。总状花序，白色，二体雄蕊。荚果带状，木质。花期 3—4 月。

【习性、分布、用途】喜湿润、肥沃的酸性土壤，在花岗岩、砂页岩等发育的酸性土壤，疏松肥沃的冲积壤土，轻黏土上均能生长。分布于中国浙江、福建、台湾、广西、广东等地。为优良的绿荫树及园景树。木材坚重，有光泽，有“铁木”之称，为国家著名硬材之一，特类商品材，国家二级重点保护树种。

图 5-28-4 格木

A. 树形 B. 复叶 D. 花枝 D. 花序

5. 无忧树（无忧花、垂枝无忧花、袈裟树、菩尼树）*Saraca indica*

【识别要点】乔木，高 5～20 m。羽状复叶具小叶 6～12 片，小叶较大，革质，长椭圆形或卵状矩圆形，叶柄粗壮，长约 1 cm。花橙黄色，排成腋生的圆锥花序，状似火焰，子房无毛。果刀条形。

【习性、分布、用途】喜温暖、湿润的亚热带气候，不耐寒。要求排水良好、湿润肥沃、疏松肥沃的沙质土壤。原产于印度，我国华南引栽。新叶橙红，如同袈裟，艳丽可爱，传说菩尼出生于此树下，故又名菩尼树，为近年来甚受欢迎的园林树种。

图 5-28-5 无忧树

A. 树冠 B. 侧枝 C. 花 D. 果枝

6. 羊蹄甲 *Bauhinia purpurea*

【识别要点】常绿乔木，树皮厚，近光滑，灰色至暗褐色。叶硬纸质，近圆形，叶裂至叶片的 1/3～1/2 处，具掌状脉 9～13 条，叶柄稍细。伞房花序，粉红色，花瓣倒披针形，发育雄蕊 3～4 条。果密集，带状扁平，略呈弯镰状，成熟时开裂。种子近圆形，扁平，种皮深褐色。花期 9—11 月，果期 2—3 月。

【习性、分布、用途】喜温暖湿润气候，世界亚热带地区广泛栽培于庭园供观赏及作行道树。树皮、花和根供药用。

图 5-28-6 羊蹄甲

A. 树形 B. 叶 C. 花 D. 果枝

7. 红花羊蹄甲 *Bauhinia blakeana*

【识别要点】常绿乔木。叶大，质地较厚，绿色，先端裂至叶片的 1/4～1/3 处，具掌状脉 11～13 条，叶柄粗壮。总状花序，花大，花瓣倒披针形，紫红色，长 5～8 cm，发育雄蕊 5 枚。通常不结果。花期 12 月至翌年 3 月。

【习性、分布、用途】喜温暖湿润、多雨、阳光充足的环境。世界各地广泛栽植，主要用作行道树。树皮含单宁，可用作鞣料和染料，树根、树皮和花朵还可以入药。

图 5-28-7 红花羊蹄甲

A. 树形 B. 叶 C. 花序 D. 花结构

8. 洋紫荆 *Bauhinia variegata*

【识别要点】落叶乔木，花常先叶开放，树皮暗褐色，近光滑，幼嫩部分常被灰色短柔毛，枝广展，硬而稍呈“之”字曲折，无毛。叶较小，多有黄斑，叶裂至叶片的 1/4～1/3 处，柄较细。伞房花序，淡红色至淡紫红色，花瓣倒卵状矩圆形，长 3～4.5 cm，发育雄蕊 5 枚。果稀疏。花期 3—4 月。

【习性、分布、用途】喜光，在热带、亚热带地区广泛栽培。花美丽而略有香味，花期长，生长快，为良好的观赏及蜜源植物，木材坚硬，可作农具。

9. 白花洋紫荆 *Bauhinia variegata* var.candida

【识别要点】半常绿或落叶乔木，通常花先叶开放。叶近革质，叶较小，多有黄斑，叶裂至叶片的 1/4～1/3 处。花序总状或伞房状，顶生或侧生，总花梗短而粗，花蕾纺锤形，苞片及小苞片卵形，早落，花萼佛焰苞状，花大，花瓣白色。花期 3—5 月，果期 5—8 月。

【习性、分布、用途】喜温暖湿润气候，喜阳，在排水良好的酸性沙壤土生长良好。生于丛林中，原产于中国广东及印度，热带地区有栽培，为行道树或庭园树种。

图 5-28-8 洋紫荆

A. 树形 B. 叶 C. 花枝 D. 果枝

图 5-28-9 白花洋紫荆

A. 树形 B. 叶 C. 花 D. 果

10. 嘉氏羊蹄甲 *Bauhinia galpinii*

【识别要点】常绿藤状灌木，树形低矮，株高 50～150 cm，枝条细软，极平整，向四周匍匐伸展，冠幅常大于高度。叶革质互生，双肾型，全缘，扁圆形或阔心形，基部心形，先端分裂成两圆形裂片，背面颜色较浅。伞房或短总状花序顶生或腋生于枝梢末端，花瓣 5，浅红色至砖红色，花期 5—10 月。荚果扁平，成熟时为褐色，且木质化，常宿存。

【习性、分布、用途】性喜阳光充足温湿的环境，在肥沃的沙壤土生长良好。抗炎热，耐干旱贫瘠土壤，但不耐寒。深根性树种，易栽培难移栽。原产于南非，广东引栽，作庭园绿化观赏植物。

图 5-28-10　嘉氏羊蹄甲

A. 树形　B. 叶　C. 花　D. 果枝

11. 黄花羊蹄甲 *Bauhinia tomentosa*

【识别要点】藤状灌木，枝纤细蔓延，幼嫩部分被锈色柔毛。叶纸质，近圆形，通常宽度略大于长度，基部圆，截平或浅心形，先端 2 裂达叶长的 2/5，上面无毛，下面被稀疏的短柔毛，基出脉 7～9 条，叶柄纤细，被毛。花淡黄色。荚果带形，扁平。

【习性、分布、用途】喜湿热，原产于印度，我国广东有栽培。为美丽的庭园观赏灌木。

图 5-28-11 黄花羊蹄甲

A. 枝叶 B. 花枝 C. 花 D. 果枝

12. 羊蹄藤 *Bauhinia championi*

【识别要点】落叶藤本，蔓茎长 3～10 m，茎卷须不分枝，常 2 枚对生。单叶互生，叶片阔卵形或心形，先端 2 浅裂或不裂，裂片尖，基出脉 5～7 条。花两性，白色，较小，集生成总状花序，发育雄蕊 3 个。荚果扁平，长 5～8 cm。花期 6—10 月，果期 7—12 月。

【习性、分布、用途】喜光，耐干旱瘠薄。根系发达，穿透力强，常生于石穴、石缝及崖壁上，适应性强，长势较旺。叶形稀奇可观，我国长江流域以南用作绿篱、墙垣、棚架、山岩、石壁的攀缘、悬垂绿化材料。木材茶褐色，纹理细，横断面木质部与韧皮部交错呈菊花状，称为“菊花木”，供作手杖、烟盒、茶具等。

图 5-28-12 羊蹄藤

A. 树形 B. 枝叶

13. 铁刀木 *Cassia siamea*

【识别要点】常绿乔木，树皮紫黑色，有环状皮孔，在树干上有较多的萌生分枝，枝有酸臭味，皮孔明显密集。一回偶数羽状复叶，小叶对生，长椭圆形至披针形，先端钝，有小尖头，背面灰白色，叶有酸味。花序圆锥状，黄色。果沿缝线加厚，形如铁刀。花期冬季，果期夏季。

【习性、分布、用途】阳性植物，需强光。我国华南地区广为栽培。树体高大，树冠整齐，浓荫盖地，花色金黄，鲜艳可爱。为优良的绿荫树及园景树。髓心部分黑色，故名黑心树，又因其材质坚硬，尤以干时刀斧难入，故又名铁木。

图 5-28-13　铁刀木

A. 树干　B. 枝条　C. 花　D. 果枝

14. 仪花 *Lysidice rhodostegia*

【识别要点】常绿小乔木，分枝多，老枝红褐色，幼枝绿色，纤细常下垂。一回羽状复叶，小叶 3～5 对，纸质，长椭圆形或卵状披针形，长 5～16 cm，宽 2～6.5 cm，先端尾状渐尖，基部圆钝偏斜，侧脉纤细，近平行，两面明显，小叶柄粗短，长 2～3 mm。圆锥花序白色。荚果刀条状。

【习性、分布、用途】喜光，产于广东高要、茂名、五华等地以及广西龙州和云南。花美丽，是优良的庭院绿化树种。

图 5-28-14 仪花

A. 植株 B. 枝叶背面 C. 花枝 D. 果枝

15. 腊肠树 *Cassia fistula*

【识别要点】落叶乔木，枝条灰白色。一回偶数羽状复叶，小叶椭圆形至卵状椭圆形，叶柄圆柱形，羽状侧脉纤细，叶背灰白色，叶顶渐尖。花序圆锥状，黄色。果圆柱形，种子间缢缩，状如腊肠，故名。花期夏季，果熟冬季。

【习性、分布、用途】喜光，原产于印度，我国南部和西南部各省区有栽培，作园景树、庭荫树及行道树。

图 5-28-15 腊肠树

A. 树形 B. 枝条 C. 花序 D. 果枝

16. 棋子豆 *Cylindriokelupha robinsonii*

【识别要点】常绿高大乔木，树皮灰白色，光滑不开裂，小枝灰色有异味，无毛。二回羽状复叶，羽片 2 对，总叶轴长 8～15 cm，羽片轴长 4～12 cm，总叶柄上、羽片及顶端 2 对小叶着生处的轴上均有中间凹陷的窝状腺体，小叶 2～4 对，椭圆形或长圆形，长 5～14 cm，宽 2～4.5 cm，顶端渐尖，基部略偏，侧脉 3～7 对。花白色。

【习性、分布、用途】喜光，原产于云南，广东有引栽，树形高大挺拔，可作庭园树，材质优良，可制作家具等。

图 5-28-16 棋子豆

A. 树形 B. 枝条 C. 叶背面 D. 叶正面

G29 蝶形花科 Fabaceae

木本或草本，稀为藤本。叶多为一回羽状复叶，三出复叶，具托叶，叶轴常有或无腺体，小叶中脉多不偏斜。花两性，左右对称，萼片 5，合生，花冠蝶形，花瓣 5，下降覆瓦状，上面的 1 枚花瓣在最外面，名旗瓣，侧面 2 枚多少平行，名翼瓣，下部 2 枚在内，下面边缘合生成龙骨瓣，雄蕊 10，多为二体雄蕊，子房上位，心皮单生，1 室，边缘胎座。荚果呈翅状或肉质果状。

产于全世界热带、亚热带及温带地区，我国主产于华南和西南。

1. 紫藤 *Wisteria sinensis*

【识别要点】茎长达 10 m，枝粗壮，嫩枝被柔毛。一回奇数羽状复叶，互生，小叶 7～10 枚，纸质，卵状椭圆形，先端渐尖或突尖。总状花序生于一年生枝条的腋芽或顶芽，呈下垂状，蝶形花冠，紫色或深紫色，芳香。

【习性、分布、用途】喜光，稍耐阴，耐寒，耐旱，生长速度快。我国南北各地区均有栽培。可作花架，门廊等垂直绿化材料，是我国传统观赏名花。

图 5-29-1 紫藤

A. 植株 B. 侧枝 C. 花 D. 果枝

2. 白花油麻藤 *Mucuna birdwoodiana*

【识别要点】常绿大藤本，枝干粗壮。三出复叶，小叶近革质，卵状椭圆形，侧生小叶偏斜。总状花序生于老枝上或生于叶腋，成串下垂，花冠黄白色，形如禾雀，故又名禾雀花。

【习性、分布、用途】喜光，喜温暖湿润气候，耐寒，耐半阴。原产于亚洲热带和亚热带地区，我国分布于华南。布置在庭院棚架、门廊和墙垣等。

图 5-29-2 白花油麻藤

A. 树形 B. 景观 C. 复叶 D. 花

3. 花榈木 *Ormosia henryi*

【识别要点】常绿乔木，树皮灰绿色，平滑，有浅裂纹，枝叶黄绿色。一回奇数羽状复叶，小叶 3～5 对，革质，椭圆形或长圆状椭圆形，先端钝或短尖，基部圆或宽楔形，叶缘微反卷，上面深绿色，光滑无毛，下面及叶柄均密被黄褐色茸毛，羽状侧脉 6～11 对。圆锥花序顶生密被淡褐色茸毛。荚果扁平，长椭圆形。

【习性、分布、用途】喜温暖，但有一定的耐寒性，分布于长江以南地区，具有一定的药用价值。

图 5-29-3 花榈木

A. 树形 B. 枝叶

4. 海南红豆 *Ormosia pinnata*

【识别要点】常绿小乔木，树皮灰色或灰黑色，老枝淡褐色，幼枝绿色。一回奇数羽状复叶，小叶对生，深绿色，对生小叶常向下侧伸展，叶薄革质，披针形，先端钝或渐尖，两面均无毛，侧脉5～7对。圆锥花序顶生。荚果肿胀而微弯曲，种子间缢缩，果瓣厚木质，成熟时橙红色，干时褐色，有淡色斑点。

【习性、分布、用途】喜光，对土壤要求严格，喜酸性土壤，喜肥水，抗风。生长较为缓慢，在我国华南地区栽培作行道树、园景树和庭荫树。

图5-29-4 海南红豆

A. 树形 B. 枝叶 C. 花枝 D. 果枝

5. 降香黄檀 *Dalbergia odorifera*

【识别要点】常绿乔木，树高达20 m，胸径达80 cm。树皮及老枝灰白色，幼枝绿色有香味。叶互生，一回奇数羽状复叶，长15～26 cm，有小叶9～13片，小叶椭圆形，长3.5～8 cm，互生，叶背灰白色。圆锥花序，花萼5裂，花瓣5片，米黄色，有爪。荚果长椭圆形，有种子1～2粒。

【习性、分布、用途】粗生易长，适生性强，但生长速度慢。我国主产于海南，现南方各地栽植，其木材即为市场上的花梨木，纹理细密，花纹美观，是专做贵重家具和雕刻木制工艺品的材料。海南五大名树之一，特类商品材，国家二级重点保护树种。

图 5-29-5　降香黄檀

A. 树形　B. 枝叶　C. 花枝　D. 果枝

6. 印度紫檀 *Pterocarpus indicus*

【识别要点】落叶大乔木，高 20～25 m，树皮黑褐色，树干通直而光滑。叶互生，一回奇数羽状复叶，下垂，小叶互生，7～12 枚，卵形，先端锐尖，基部钝形，革质，全缘，托叶线形，早落。花金黄色，蝶形，腋生总状花序或圆锥花序，有香味。荚果，扁圆形，褐色，其中有 1～2 粒种子。

【习性、分布、用途】喜高温多湿、日照充足，生于坡地疏林中或栽培。分布于广东、云南、海南等地。性强健，生长快，为优良的园景树和行道树。

图 5-29-6 印度紫檀

A. 树形 B. 枝叶 C. 花序 D. 花枝

7. 南岭黄檀 *Dalbergia balansae*

【识别要点】半落叶乔木，树皮灰黑色，粗糙，有纵裂纹。一回羽状复叶，长 10～15 cm，叶轴和叶柄被短柔毛，托叶披针形，小叶细卵形，6～7 对，纸质，长圆形或倒卵状长圆形，背面灰白色。圆锥花序腋生。荚果舌状或长圆形，两端渐狭，通常有种子 1 粒，稀 2～3 粒，果瓣对种子部分有明显网纹。花期 6 月。

【习性、分布、用途】喜温湿，生于山地杂木林中或灌丛中，产于浙江、福建、广东、海南、广西、四川、贵州。材质优良，亦可作庭园树。

图 5-29-7 南岭黄檀

A. 植株 B. 侧枝 C. 花枝

8. 刺桐 *Erythrina indica*

【识别要点】落叶大乔木，枝皮有锥形刺。三出复叶，小叶阔卵形至斜卵形，顶端一枚宽大于长，托叶变为腺体状。总状花序红色，花鲜红色，早春先叶开放，为春天来临的标志。荚果呈念珠状。

【习性、分布、用途】性强健，萌发力强，生长快。原产于印度及马来西亚等地，现我国各地广为栽培，主要用于观花。

9. 鸡冠刺桐 *Erythrina crista-galli*

【识别要点】常绿小乔木，茎和叶柄稍具皮刺。羽状三出复叶，小叶长卵形或披针状长椭圆形，叶轴、小叶叶柄、叶脉有稀疏的短刺，叶柄顶端有腺体。花冠红色，总状花序。荚果褐色。

图5-29-8 刺桐

A. 树干 B. 枝叶 C. 花序

图 5-29-9 鸡冠刺桐

A. 树形 B. 枝叶 C. 花序 D. 果实

【习性、分布、用途】喜光，也耐轻度荫蔽，喜高温，但具有较强的耐寒能力。原产于巴西等南美洲热带地区，中国华南地区和台湾有栽培。花开时红色，且花期长，故适于庭园观赏，也用于道路中央绿化。

10. 龙牙花 *Erythrina corallodendron*

【识别要点】落叶小乔木，高 3～15 m。树皮粗糙，灰褐色，树干及枝条疏生粗壮的黑色瘤状皮刺，老枝无刺。叶为三出羽状复叶，互生，顶生小叶较侧生小叶为大，侧生小叶基部略偏斜，小叶菱状卵形或菱形，顶端尾状或渐尖而钝，基部宽楔形有一对腺体，全缘，小叶柄无毛，中脉上有刺，小托叶腺体状。总状花序深红色，荚果。

【习性、分布、用途】喜温，我国南方栽培，枝叶扶疏，初夏开花，好似一串红色月牙，艳丽夺目，适用于公园和庭园栽植，若盆栽可用来点缀室内环境。是阿根廷国花。

图 5-29-10 龙牙花

A. 树形 B. 花序

11. 水黄皮 *Pongamia pinnata*

【识别要点】常绿乔木，高 8～15 m。嫩枝通常无毛，有时稍被微柔毛，老枝密生灰白色小皮孔。一回羽状复叶长 20～25 cm，小叶 2～3 对，近革质，卵形，阔椭圆形至长椭圆形，长 5～10 cm，宽 4～8 cm，先端短渐尖或圆形，基部宽楔形、圆形或近截形。总状花序腋生，白色或粉红色。荚果表面有不甚明显的小疣凸，顶端有微弯曲的短喙。

【习性、分布、用途】性喜高温、湿润和阳光充足或半阴环境，生性强健，萌芽力强。产于福建、广东、海南。作防护林，能抗强风及空气污染。

图 5-29-11　水黄皮

A. 树形　B. 侧枝　C. 花枝　D. 果枝

G30 金缕梅科 Hamamelidaceae

乔木或灌木，常具星状毛。单叶互生，稀对生，常有托叶，早落。花小，两性或单性同株，稀异株，常呈头状花序，也有穗状花序的，花萼 4～5 齿裂或几全缘，花瓣 4～5 或缺，雄蕊 4～5 或多数，花盘有或无，子房下位或半下位，稀上位，2 心皮，仅基部合生，2 室，每室 1 至多胚珠，花柱 2，常外弯。蒴果 2 裂，外果皮木质或革质，内果皮常为角质。

约 28 属 140 余种，分布于亚热带及温带南部，我国约 18 属 80 余种，产于我国南部各省，多为常绿阔叶林重要组成树种，除用材树种外，也有不少为庭园观赏及“四旁”绿化树种。

1. 枫香 *Liquidambar formosana*

【识别要点】落叶大乔木，树枝及叶均有橄榄香味。幼枝有毛，纤细。单叶互生，掌状

3 裂（幼时 5 裂），裂片边缘具有细腺齿，基部心形或截形，裂片先端渐尖，托叶红色，线形早落，叶至秋天脱落前变红。头状花序，花单性同株，无花瓣，雄花无花被，头状花序常数个排成总状，雌花常有数枚刺状萼片，头状花序单生，子房半下位，2 室，每室具数胚珠。木质蒴果聚为球形，果序较大，具较长的宿存花柱，刺状萼片宿存。花期 3 月，果期 10—11 月。

【习性、分布、用途】喜温暖湿润气候，喜光，喜深厚湿润土壤，也能耐干旱瘠薄土壤，但不耐水湿，深根性，抗风力强。产于长江以南，树干通直，气势雄伟，秋天经霜叶色变红，观赏期可自 9 月中旬至 11 月下旬，红叶盛期可长达 40 天，叶呈明显的季相变化，秋天全树呈现红色，美丽壮观，为著名的秋色叶树之一。

图 5-30-1 枫香

A. 树形（秋叶） B. 枝叶 C. 花序 D. 果枝

2. 半枫荷 *Semiliquidambar cathayensis*

【识别要点】常绿乔木，树枝及叶均有橄榄香味，枝条无毛，粗壮。单叶互生，叶异型，不裂或掌状 3 裂，不分裂的叶片卵状椭圆形，长 8～13 cm，宽 3.5～6 cm，先端渐尖，分裂的叶常 3 裂，裂片边缘具有细锯齿，三出脉，叶秋季不变红。头状花序，无花瓣。蒴果聚为球形。花期 3 月，果期 10—11 月。

【习性、分布、用途】喜温暖湿润气候，产于长江以南，作园林绿化树。国家二级保护植物，中国特有种。

图 5-30-2　半枫荷

A. 植株　B. 枝叶

3. 阿丁枫 *Altingia chinensis*

【识别要点】常绿乔木，枝叶有橄榄味，树皮粗，有皮孔。单叶互生，叶柄常扭曲，叶卵形至披针形，不分裂或少有 1～2 浅裂，叶缘有锯齿，羽状脉。雄花有雄蕊多数，花丝极短，花药 2 室，纵裂，雌花萼管与子房合生，子房下位，2 室，每室有胚珠多数。头状果序近球形，基部截平，由多数蒴果组成，蒴果木质，室间开裂为 2 瓣，每瓣 2 浅裂。

【习性、分布、用途】喜热，主要分布于海南，我国华南引栽，作风景树。

图 5-30-3　阿丁枫

A. 树形　B. 树干　C. 枝叶

4. 米老排 *Mytilaria laosensis*

【识别要点】常绿乔木，成年树高达 30 m，胸径 80 cm。树冠球状伞形，树干通直，树皮暗灰褐色，小枝具环状托叶痕，有黄色乳汁，嫩枝无毛。叶宽卵圆形，表面亮绿色，先端短尖，基部心形，全缘或 3 浅裂，掌状 5 出脉。花两性，穗状花序顶生或腋生，花多数，排列紧密。蒴果外果皮厚，黄褐色。

【习性、分布、用途】喜暖热、干湿季分明的热带季雨林气候，是我国南方速生用材树种。根系发达，抗风能力强，少病虫害，树龄较长，生长快速，对不良气候抵抗能力强。

图 5-30-4　米老排

A. 树形　B. 顶芽与托叶痕　C. 叶形

5. 红花荷 *Rhodoleia championii*

【识别要点】常绿乔木，高可达 12 m，嫩枝颇粗壮。叶厚革质，卵形，全缘，光滑无毛，羽状脉，叶面呈深绿色而略带光泽，叶背灰白色，为一层白色的蜡粉所覆盖，网脉不显著，叶柄带红色。头状花序，常弯垂，有鳞状小苞片。花大，两性，红色，雄蕊与花瓣等长。蒴果。

【习性、分布、用途】适生在阳光充足湿润处，原产于中国南部，广泛种植作观赏用途。花形像吊钟，而且体积颇大，所以又名“吊钟王”。花于春节期间开放，绚丽夺目，为优良的观花树种。

图 5-30-5 红花荷

A. 树形 B. 花枝 C. 果枝

G31 卫矛科 Celastraceae

大叶黄杨 *Buxus megistophylla*

【识别要点】常绿灌木或小乔木，小枝稍呈四棱形。叶有光泽，倒卵形至狭长椭圆形，边缘有细钝锯齿，两面无毛。聚伞花序，花绿白色，腋生枝端。蒴果扁球形，淡红色或带黄色。

【习性、分布、用途】性耐阴，耐干旱，喜光，喜湿润环境。原产于日本，我国南北均有栽培，长江流域以南尤多，特别是在陕西、甘肃、湖北、四川、贵州、广西、广东、江西、浙江、安徽、江苏、山东各省区应用较为广泛。枝叶浓密，四季常青，浓绿光亮，其变种叶色斑斓，尤为艳丽可爱，是园林绿化的优良材料。对有毒气体及烟尘抗性较强，是污染区绿化的理想树种。适合作绿篱或庭园美化树种。

常见的变种有：

① 金边大叶黄杨：叶缘金黄色。

② 金心大叶黄杨：叶面有黄色斑纹，但不达叶缘。

③ 银边大叶黄杨：叶缘白色。

④ 银斑大叶黄杨：叶有白斑和白边。

⑤ 斑叶大叶黄杨：叶面有黄色及绿色斑纹。

图 5-31-1 大叶黄杨及变种

A. 大叶黄杨 B. 金边大叶黄杨 C. 银边大叶黄杨 D. 金心大叶黄杨

G32 交让木科 Daphniphyllaceae

牛耳枫 *Daphniphyllum calycinum*

【识别要点】常绿灌木或小乔木，高 1～10 m，小枝灰褐色，具稀疏的皮孔及叶痕。叶柄长 4～8 cm，上面平或略具槽，顶关节状，叶纸质，阔椭圆形或倒卵形，长 12～16 cm，宽 4～9 cm，先端钝或圆形，具短尖头，基部阔楔形，全缘，略反卷，干后两面绿色，叶面具光泽，叶背多少被白粉，具细小乳突体，侧脉 8～11 对，在叶面清晰，叶背凸起，径约 2 mm。总状花序腋生，花较小。果卵圆形，较小，排列密集，被白粉，具小疣状突起，先端具宿存柱头，基部具宿萼。花期 4—6 月，果期 8—11 月。

【习性、分布、用途】喜阴湿环境，生于海拔（60～）250～700 m 的疏林或灌丛中。主产于广西、广东、福建、江西等省区。种子榨油可制肥皂或作润滑油。根和叶入药，有清热解毒、活血散瘀之效。

图 5-32-1 牛耳枫
A. 树形 B. 幼苗 C. 枝叶 D. 花枝

G33 悬铃木科 Platanaceae

二球悬铃木（英国梧桐、槭叶悬铃木）*Platanus acerifolia*

【识别要点】落叶大乔木，高可达 30 m，树皮光滑，嫩枝密生灰黄色茸毛，老枝秃净，红褐色。叶阔卵形，中央裂片阔三角形，宽度与长度约相等。花通常 4 数，雄花的萼片卵形，被毛，花瓣矩圆形，长为萼片的 2 倍，雄蕊比花瓣长，盾形药隔有毛。头状果序常下垂，直径约 2.5 cm，二球一串，宿存花柱长 2～3 mm，刺状，坚果之间无突出的茸毛，或有极短的毛。花期 4—5 月，果熟 9—10 月。

【习性、分布、用途】喜光，喜温暖湿润气候，不耐阴，生长迅速，成荫快，在年平均气温 13～20℃、降水量 800～1 200 mm 的地区生长良好，北京幼树易受冻害，须防寒。该种是三球悬铃木 *P. orientalis* 与一球悬铃木 *P. occidentalis* 的杂交种，久经栽培，中国东北、华中及华南均有引种。二球悬铃木是世界著名的城市绿化树种、优良庭荫树和行道树，有“行道树之王”之称，以其生长迅速、株型美观、适应性较强等特点广泛分布于全球的各个城市。

我国北方栽植的还有一球悬铃木（美桐），叶掌状 3～5 浅裂，中裂片宽大于长，果多数一球单生，宿存的花柱短，球面较平滑，小坚果之间无突伸毛，耐寒力比三球悬铃木要差，我国少量栽培。三球悬铃木（法桐），叶掌状 5～7 裂，中裂片长大于宽，多数坚果聚合呈球形，3 球成一串，宿存花柱长，呈刺杆状，花期 4—5 月，果 9—10 月成熟。

图 5-33-1 悬铃木

A. 二球悬铃木 B. 一球悬铃木 C. 三球悬铃木 D. 树形（二球悬铃木）

G34 杨柳科 Salixaceae

垂柳 *Salix babylonica*

【识别要点】落叶乔木，小枝线形，细长，柔软下垂，无顶芽，髓近圆形，芽鳞1枚。叶互生，狭披针形至线状披针形，叶柄极短，托叶阔镰形，早落，叶缘有细腺齿，背面灰白色。雌雄花均为葇荑花序，花序直立，雄蕊2枚，基部具2腺体；雌蕊基部具1腺体；基底胎座。蒴果2裂，种子具白毛。

图 5-34-1　垂柳

A. 树形　B. 大枝　C. 小枝　D. 果枝

【习性、分布、用途】喜光，喜温暖湿润气候及潮湿深厚之酸性及中性土壤，较耐寒，特耐水湿，萌芽力强，生长迅速，根系发达，寿命短，能抗有毒气体。主要分布于长江流域以南平原地区。树形优美，为湖边最适树种，枝条细长，柔软下垂，姿态优美潇洒，植于河岸及湖畔池边，拂水依依，别有风致。

G35 杨梅科 Myricaceae

杨梅 *Myrica rubra*

【识别要点】常绿乔木，树冠整齐，近球形，树皮灰色纵裂，幼枝及叶背有黄色腺点。单叶互生，常集生于小枝顶端，叶倒卵状披针形至倒卵状长椭圆形，全缘或先端有锯齿，背面密被黄色腺点。花单性，雌雄异株，葇荑花序，雄花序圆柱形，紫红色，雌花序较短，红色，仅最上的 1～2 花能育。核果球形，熟时深红、紫红或白色，味酸甜，外果皮薄稍肉质，被树脂腺体或肉质乳头状突起。

【习性、分布、用途】喜温暖湿润气候和排水良好的酸性土壤，不耐烈日直射，不耐寒，长江以北不宜栽培，深根性，萌芽力强，对有毒气体有一定的抗性。原产中国温带，现我国大部省份有栽培，为优良观赏兼食用之良好树种。枝叶繁茂，树冠圆整，初夏红果累累，是园林结合生产的优良树种，也是荒山造林的优良树种。

图 5-35-1　杨梅

A. 幼苗　B. 树形　C. 果实

G36 壳斗科 Fagaceae

乔木，常绿或落叶，芽鳞覆瓦状排列或交互对生，小枝有棱或有沟槽。单叶互生，叶脉羽状，无托叶，叶常革质，全缘或有锯齿，或上半部有锯齿，齿端常有芒刺。花单性，雌雄同株或同序，无花瓣，雄花为葇荑花序，稀头状花序，花萼杯状，雄蕊常与花萼裂片同数或为其倍数，花丝细长，退化雌蕊细小或缺，雌花单朵散生或2～7朵聚生于具苞片的花序轴或于花后增大的总苞内，花萼杯状，4～6裂，子房下位，2～6室，每室2胚珠，仅1个发育，花柱常与子房同数，宿存，坚果1～3个聚生1总苞（壳斗）内，总苞具小苞片，全包或包果实的一部分，总苞上的小苞片呈鳞状，刺状，锥状或瘤状突起，螺旋状排列，分离或呈覆瓦状排列或愈合成同心环带。

约8属900种，分布于温带、亚热带及热带。我国有7属300余种，遍布全国，是华南常绿阔叶林群落的重要组成树种。木材通称栎木，坚重耐腐，自古以来即供造船车辆和制作家具，优良家具材。本科最重要的识别要点是其果实为坚果，外有壳斗包被，壳斗有刺或无刺。

1. 中华锥 *Castanopsis chinensis*

【识别要点】半常绿乔木，树皮粗糙条状纵裂，枝有纵棱，无顶芽，单叶互生，无毛，叶柄基部略膨大，叶披针形、卵状披针形，中部以上有锯齿，锯尖有芒刺，网脉较明显，叶两面近同色。雄花为直立的葇荑花序。壳斗全包坚果，内有坚果1。

【习性、分布、用途】阳性树种，适生阳坡，产于广东、广西、贵州西南部、云南东南部。可作风景林树，亦可作用材树种。

图5-36-1　中华锥

A. 树干　B. 侧枝　C. 叶背面　D. 叶正面

2. 红锥 *Castanopsis hystrix*

【识别要点】常绿乔木，高达 25 m，树皮褐色不开裂。小枝紫褐色，纤细，单叶互生，二列排列，叶纸质或薄革质，披针形，基部稍偏斜，全缘或有少数浅裂齿，中脉在叶面凹陷，背面密被红棕色鳞秕和短柔毛，老则变成浅黄色。圆锥花序或穗状花序。坚果宽圆锥形，无毛，果脐位于坚果底部。

【习性、分布、用途】喜光，产华南，材质优良，木材坚硬耐腐，少变形，心材大，褐红色，边材淡红色，色泽和纹理美观，是高级家具、造船、车辆、工艺雕刻、建筑装修等优质用材。

图 5-36-2 红锥

A. 树干 B. 侧枝 C. 叶背面 D. 叶正面

3. 栓皮栎 *Quercus variabilis*

【识别要点】落叶乔木，高可达 30 m，树皮黑褐色，小枝及叶背有白色细毛；芽圆锥形，叶互生二列，背面灰白色，卵状披针形或长椭圆形，顶端渐尖，边缘有芒状锯齿。雄花花序轴密被褐色茸毛，雌花序生于叶腋，坚果近球形。3—4 月开花，翌年 9—10 月结果。

【习性、分布、用途】阳性树种，通常生于海拔 800 m 以下的阳坡，西南地区可达海拔 2 000～3 000 m。分布于中国大部分省区。木材为环孔材，边材淡黄色，心材淡红色，是中国生产软木的主要原料。

图 5-36-3 栓皮栎
A. 树形 B. 侧枝 C. 果实

4. 白栎 *Quercus fabri*

【识别要点】落叶乔木或灌木，小枝密生灰色至灰褐色茸毛。叶倒卵形至椭圆状倒卵形，边缘具波状粗钝锯齿或近羽状浅裂，幼时被灰黄星状毛，老时叶上面有疏毛或无毛，下面密被灰色星状毛。雄花为下垂的葇荑花序。壳斗杯形包围坚果的 1/3。

【习性、分布、用途】阳性树种，适生于阳光充足环境，产于我国华南、西南地区，是阔叶林的主要组成树种。

图 5-36-4 白栎
A. 树干 B. 侧枝 C. 叶形

5. 裂斗锥（藜蒴）*Castanopsis fissa*

【识别要点】常绿乔木，高可达 20 m。嫩枝红紫色，具纵棱。叶互生二列，倒卵状披针形或倒卵状长椭圆形，长 15～25 cm，有钝齿或波状齿，齿端有芒刺，下面被灰黄色或灰白色鳞秕，侧脉 15～20 对，叶柄长 1～2.5 cm。雄花多为圆锥花序，花序轴无毛。果序长 8～18 cm。壳斗被暗红褐色粉末状蜡鳞。

【习性、分布、用途】喜光，适南亚热带气候，适应性强，对土壤要求不严，速生，萌芽性强，为荒山绿化树种，材质优良。

图 5-36-5　裂斗锥

A. 树形　B. 枝叶　C. 花枝　D. 果实与种子

6. 毛锥 *Castanopsis fordii*

【识别要点】乔木，高达 30 m，胸径 1 m，老树皮深裂。1 年生枝、叶柄、叶下面及花序轴均密被黄褐色粗长毛。单叶互生，排成 2 列，叶革质，长椭圆形或长圆形，基部略偏，长 9～18 cm，宽 3～6 cm，顶渐尖。壳斗有 1 果，球形。

【习性、分布、用途】喜湿热，生长于海拔 1 200 m 以下的山地灌木或者乔木林中，原产海南，华南地区栽培作用材树，绿化树。

图 5-36-6 毛锥

A. 树形 B. 枝叶

7. 犁耙石栎 *Lithocarpus silvicolarum*

【识别要点】常绿乔木，小枝无毛。叶螺旋状互生，叶柄基部明显膨大，叶长椭圆形、倒卵状长椭圆形或卵状披针形，全缘或上部有波状齿，干时两面褐色，有时下面灰白色。雄花为直立的葇荑花序。壳斗杯状，幼时几全包坚果，成熟后包围坚果的 1/3～1/2。内有坚果 1。

【习性、分布、用途】喜湿热，生长于海拔 1 200 m 以下的山地灌木或者乔木林中，我国华南栽培作用材树、绿化树。

图 5-36-7 犁耙石栎

A. 树形 B. 叶背面 C. 叶正面

G37 木麻黄科 Casuaarinaceae

木麻黄 *Casuarina equisetifolia*

【识别要点】常绿乔木。高可达 30 m，大树树干通直，直径达 70 cm，条状纵裂，树冠狭长圆锥形；老枝红褐色，小枝绿色细条形，有密集的节；叶退化为鳞片状，轮生，每轮通常 7 枚，少为 6 或 8 枚，披针形或三角形。花雌雄同株或异株；雄花序几无总花梗，排成葇荑花序，棒状圆柱形，雌花序通常顶生于近枝顶的侧生短枝上，椭圆形。

【习性、分布、用途】生长迅速，萌芽力强，对立地条件要求不高，根系发达，原产澳大利亚和太平洋岛屿，现广西、广东、福建普遍栽植，是华南沿海地区造林最适树种，可防风固沙，在城市及郊区亦可作行道树、防护林。

图 5-37-1　木麻黄

A. 树干　B. 大枝　C. 雄花序　D. 果枝

G38 榆科 Ulmaceae

乔木或灌木，枝多粗糙或有皮孔。单叶互生，成 2 列排列，叶基常偏斜，有锯齿或半锯齿，托叶早落。花小，两性或单性，雌雄同株或异株，单生，簇生成短聚伞花序或总状花序，单被花，花萼近钟形，4～5 裂，宿存，雄蕊 4～5，与花萼裂片对生，花药在芽内直伸，子房上位，2 心皮，1～2 室，每室 1 胚珠，花柱短。翅果或核果。

约 16 属 230 种，主要分布于北温带。我国约 8 属 46 种，南北均产。

1. 山黄麻 *Trema tomentosa*

【识别要点】常绿小乔木或灌木，高可达 10 m，树皮灰褐色，枝叶有毛及黏液。单叶互生，2列排列，叶片纸质或薄革质，宽卵形，基部偏斜，心形，边缘有锯齿，叶面粗糙。花黄色具短梗，几乎四季开花。

【习性、分布、用途】喜湿热，生于海拔100～2 000 m湿润的河谷和山坡混交林中、或空旷的山坡。分布于中国福建南部、台湾、广东、海南，可制绳索。

图5-38-1 山黄麻

A.树形 B.大枝 C.花枝 D.果枝

2. 朴树 *Celtis sinensis*

【识别要点】落叶乔木，树皮粗糙，枝条皮孔明显，纤维发达。单叶互生，排成2列，叶纸质，宽卵形，越老越小，缘有半锯齿，叶基偏斜，三出脉。花1~3朵生于当年生小枝叶腋。核果，单生或2个并生，熟时橙红色。

【习性、分布、用途】适宜生长在石灰岩土中，为富集钙的树种，亦为吸收SiO_2能力强的树种。产于黄河流域以南至华南、西南，树冠宽广，枝条开展，绿荫浓郁。

图 5-38-2 朴树

A. 树形 B. 幼苗枝 C. 大枝 D. 果枝

3. 榔榆（小叶榆、脱皮榆）*Ulmus parvifolia*

【识别要点】落叶乔木。树皮红褐色或黄褐色，呈不规则片状剥落。枝纤细，纤维发达。叶互生，2 列排列，叶革质，椭圆形，两面深绿色，叶基偏斜，缘有半锯齿，羽状脉直伸叶缘。花簇生于叶腋，花被 4～8 深裂。翅果，长椭圆形或卵形。

【习性、分布、用途】适生于石灰岩土上，富集钙。产于长江流域以南各省，木材坚韧耐腐，二类商品材。树皮斑驳可爱，枝条纤柔下垂，随风飘舞，姿态优美，具较高的观赏价值。

图 5-38-3 榔榆

A. 树形 B. 侧枝 C. 枝叶

G39 桑科 Moraceae

乔木或灌木，枝有乳汁，常有气根和支柱根。单叶多互生，少对生，托叶早落，在枝上留有环状托叶痕。在老茎上常开花结果，此现象称为茎花现象。花小，单性，成葇荑花序、头状或隐头花序，雌雄同株或异株，萼片 4，雄蕊 4，子房上位。聚花果内含瘦果，外被肉质宿存萼。主产于热带和亚热带，有 1 400 多种。我国有 150 多种，各地均有分布。

1. 榕树 *Ficus microcarpa*

【识别要点】常绿大乔木。树冠大而开展，枝叶稠密，有气根悬垂，入地可成支柱根。叶革质，椭圆形至卵状椭圆形，羽状脉，第 1 对侧脉直伸叶端而成边脉。隐头花序。聚花果球形。

【习性、分布、用途】喜温湿气候，为热带季雨林代表树种。主产长江以南，优良的园景树、庭荫树及行道树。

图 5-39-1 榕树

A. 树形 B. 气根 C. 枝叶 D. 果枝

2. 大叶榕 *Ficus virens* Ait. var. *sublanceolata*

【识别要点】落叶大乔木，高 15～20 m，具发达的板根与支柱根。老枝灰白色，有明显的托叶环痕，乳汁丰富。单叶互生，叶长椭圆形至椭圆状卵形，叶基圆形或近心形，基出脉 3 条，侧脉 7～10 对，边脉明显。叶面黄绿色。隐头花序，聚花果球形。

【习性、分布、用途】阳性树种，喜温暖、高温湿润气候，耐旱而不耐寒，产于华南至西南。常作庭荫树和行道树，对烟尘及有毒气体抗性较强，可用于污染区绿化。

图 5-39-2 大叶榕

A. 树形 B. 幼枝 C. 枝叶 D. 果枝

3. 无花果 *Ficus carica*

【识别要点】落叶小乔木或丛状灌木。老枝褐色，皮孔明显，具有三角形叶痕及环状托叶痕。单叶互生，叶柄较长，叶厚革质，倒卵形至近圆形，掌状 3～5 深裂，缘具锯齿或缺裂，上面粗糙，下面有短毛。隐头花序，花期在夏季，果期在夏至秋季，果可食用。

【习性、分布、用途】喜温湿环境，原产于地中海沿岸，我国南北广为栽培。果可食用或药用，枝繁叶茂，树态优雅，具有较好的观赏价值，是良好的园林及庭园绿化观赏树种。

4. 印度橡胶榕 *Ficus elastica*

【识别要点】常绿乔木，有气根及支柱根，乳汁丰富，树冠大，广展，树皮灰白色，平滑。枝条圆柱形，顶芽发达，托叶红色，脱落后环痕明显。叶柄长，单叶互生，厚革质，长椭圆形至椭圆形，顶端圆形，基部圆形，全缘，深绿色，有光泽，侧脉多而明显平行。聚花果球形。

【习性、分布、用途】喜温暖、高温湿润气候，原产于印度，华南至西南用作庭荫树和行道树，对烟尘及有毒气体抗性较强。

图 5-39-3 无花果

A. 树形 B. 叶 C. 果实 D. 果实内部

图 5-39-4 印度橡胶榕

A. 树形 B. 侧枝 C. 枝叶

5. 黑叶印度橡胶榕 *Ficus elastica* cv. black

【识别要点】常绿灌木或小乔木，乳汁丰富，枝圆柱形，淡红色，具发达的红色顶芽，托叶线形红色，膜质，早落并留有环状托叶痕。单叶互生，叶柄粗壮，叶厚革质，宽椭圆形，表面深黑色有光泽，中脉红色，在叶背面显著突起，侧脉纤细平行，边脉明显。

【习性、分布、用途】喜湿润环境，主要在我国华南地区盆栽观赏，或作园林绿化树。

图 5-39-5 黑叶印度橡胶榕

A. 树形 B. 顶芽

6. 高山榕 *Ficus altissima*

【识别要点】常绿大乔木，高 25～30 m，胸径 40～90 cm。树皮灰色，平滑。有少量气根及发达的支柱根，乳汁丰富。枝圆柱形，顶芽发达，有明显的托叶痕。单叶互生，叶阔卵形，厚革质，表面深绿色，三出脉，侧脉 4～5 对，于近缘处连结成边脉。聚花果成对腋生，幼时包藏于早落风帽状苞片内，成熟时红色或带黄色。其品种为花叶高山榕，叶面有黄色斑块。

【习性、分布、用途】阳性树种，生性强健，耐干旱瘠薄，又能抵抗强风，抗大气污染，且移栽容易成活。产于两广及云南南部，我国华南地区广为栽培，四季常绿，树冠广阔，树姿丰满壮观，是极好的城市绿化树种。

图 5-39-6 高山榕

A. 树形 B. 树干与侧枝 C. 枝叶 D. 果枝

图 5-39-6-1 花叶高山榕

A. 树形 B. 支柱根 C. 侧枝 D. 叶

7. 垂叶榕 *Ficus benjamina*

【识别要点】常绿小乔木，树冠广阔。树皮呈灰色，平滑。小枝纤细下垂，托叶环痕明显。叶薄革质，卵形至卵状椭圆形，长 4～8 cm，宽 2～4 cm，先端尾尖下垂，基部圆形，全缘，侧脉细密平行，直达叶缘连结成边脉，两面光滑无毛，叶柄长 1～2 cm，上面有沟槽。榕果成对或单生叶腋，基部缢缩成柄。

【习性、分布、用途】生于湿润的杂木林中，分布于云南、广东、海南等地，树皮、叶芽、果实能清热解毒、祛风，凉血等。

其栽培品种有：

（1）乳斑榕 *Ficus benjaminia* cv. Variegata 常绿灌木，高 1~2 m，枝条下垂。叶互生，革质，阔椭圆形，具不规则的黄色斑块。

（2）金叶垂榕（黄叶垂榕）*Ficus benjaminia* cv. Gold 常绿小乔木，枝条下垂。叶互生，顶尾尖下垂，金黄色，供园林观赏。

图 5-39-7 垂叶榕

A.. 树形 B. 侧枝 C. 叶 D. 果枝

图 5-39-7-1 垂叶榕品种

A. 金叶垂榕 B. 乳斑榕 C. 花叶垂榕

8. 木菠萝 *Artocarpus heteroyllus*

【识别要点】常绿乔木，株高可达 20 m，茎花现象明显，有乳汁。枝条具有明显的托叶环痕及皮孔。叶互生，长椭圆形或倒卵形，革质，有光泽，全缘或偶有浅裂，叶脉羽状，边脉明显。聚花果硕大，圆柱状，常生于树干，外皮绿色，有棱角如锯齿，有六角形瘤状突起，坚硬有软刺，大如西瓜。

【习性、分布、用途】喜温热气候，最喜光树种，幼时稍耐阴，不耐寒，适于无霜冻或较轻的地方生长。原产于印度及马来西亚，我国华南引栽。作园景树、绿荫树及行道树。果及种子可食。

图 5-39-8 木菠萝

A. 树形 B. 枝叶

9. 长叶榕 *Ficus henryi*

【识别要点】常绿大乔木。树高达 30 m，胸径达 3 m，枝条浓密，具气根，皮孔明显，树冠广阔。叶长披针形，先端尖，薄革质，秃净光亮，先端细尖，深绿色，有光泽，叶柄细，常下垂。果球形，径约 1.2 cm，熟后黑色。

【习性、分布、用途】喜半阴、温暖而湿润的气候，较耐寒。产于热带、亚热带的亚洲地区，我国广东、广西、海南、云南等省（区）有分布和栽培。抗有害气体及烟尘的能力强，宜作行道树，在工矿区绿化、广场、森林公园等处种植。

10. 菩提树（菩提榕）*Ficus religiosa*

【识别要点】落叶大乔木，株高可达 18 m，枝干长有气生根，树干凸凹不平，侧枝多，广展，有乳汁，托叶环痕明显。新叶红褐色，老叶黄绿色，单叶互生，叶柄较长，叶全缘，阔卵形，叶缘波浪状，基部心形，先端长尾尖，羽状脉具侧脉 13～15 对，直伸至叶缘形成明显的边脉。聚花果球形。

【习性、分布、用途】喜光，不耐阴，喜高温，抗污染能力强。对土壤要求不严，但以肥沃、疏松的微酸性沙壤土为好。原产于印度、缅甸、斯里兰卡，现在我国各地引栽，枝叶扶疏，浓荫盖地，适作寺院、道路栽植。

11. 构树 *Broussonetia papyrifera*

【识别要点】落叶乔木，有乳汁，小枝密生白色茸毛。叶互生，叶柄极长，叶阔卵形，基部心形，缘具粗锯齿，3～5 深裂，两面密被粗毛。雌雄异株，雄花为下垂的葇荑花序，绿色，雌花为头状花序，花柱丝状，紫红色。聚花果球形，熟时橘红色，可当野果食用。

图 5-39-9　长叶榕

A. 树干　B. 树冠　C. 枝叶

图 5-39-10　菩提树

A. 树形　B. 幼叶　C. 侧枝　D. 果枝

花期 5 月，果期 9 月。

【习性、分布、用途】喜湿，分布极广。为优良的抗污染树种。树皮富含纤维，可做宣纸，叶片为养鹿饲料。也可作园景树。

图 5-39-11 构树

A. 树形 B. 幼枝 C. 老枝 D. 果实

12. 斜叶榕 *Ficus tinctoria*

【识别要点】常绿小乔木，幼时多附生，树皮微粗糙，小枝褐色。叶薄革质，互生排成 2 列，椭圆形至卵状椭圆形，长 8～13 cm，宽 4～6 cm，全缘，顶端钝尖，基部偏斜，一侧稍宽，两面无毛，背面略粗糙，网脉明显，干后深褐色，羽状脉。果球形，黄色，单生或成对腋生。

【习性、分布、用途】喜阴湿环境，常生于灌木丛中，或附生路边，有一定的药用价值。

图 5-39-12 斜叶榕

A. 树形 B. 树干 C. 枝叶 D. 果枝

13. 青果榕 *Ficus variegata* var. *chlorocarpa*

【识别要点】常绿乔木，有乳汁。小枝无毛中空。幼树之叶披针形，大树之叶宽卵形叶基心形。具明显的茎花现象。叶近革质，长 8～20 cm，宽 7～12 cm，全缘或波状，有时有疏锯齿，基三出脉，叶柄粗壮，长 2～7 cm。花序托簇生于树干，具梗，球形。

【习性、分布、用途】喜热，分布于我国南部，是反映南国温暖湿润气候的重要标志。可作园景树。

图 5-39-13 青果榕

A. 树形 B. 侧枝 C. 叶 D. 果实

14. 桂木 *Artocarpus nitidus*

【识别要点】常绿乔木，高达 17 m，主干通直，树皮黑褐色，纵裂。枝叶有白色乳汁，托叶环痕明显，幼叶常掌状3浅裂，老叶椭圆形至倒卵形，表面深绿色，羽状脉，背面网脉细密明显。聚花果近球形，熟时橙红色。

【习性、分布、用途】喜温湿，生于阴湿的密林中。广东有栽培，作庭园绿化观赏。果酸甜可口，生食或糖渍。

图5-39-14 桂木

A. 树形 B. 幼枝 C. 老枝 D. 果枝

15. 桑树 *Morus alba*

【识别要点】落叶乔木。叶卵形至宽卵形，先端尖，基部心形，缘具粗锯齿，不裂或不规则分裂，基三出脉。雌雄花均为葇荑花序。聚花果熟时紫黑色、红色或白色，多汁味甜。花期4月，果期5—7月。

【习性、分布、用途】喜光，幼时稍耐阴，喜温暖湿润气候，耐寒、耐干旱、耐水湿能力强。原产于中国中部和北部，中国东北至西南各省区、西北直至新疆均有栽培，现世界

图 5-39-15 桑树

A. 植株 B. 枝叶 C. 花枝 D. 聚花果

各地均有栽培。叶为桑蚕饲料，木材可制器具，枝条可编箩筐，桑皮可作造纸原料，桑葚可供食用、酿酒，叶、果和根皮可入药。

16. 琴叶榕 *Ficus pandurata*

【识别要点】常绿小灌木，高可达 2 m。枝粗壮，具对生的披针形膜质托叶，托叶干后黑色，托叶早落留有托叶环痕。单叶互生，叶柄粗，叶片纸质，提琴形或倒卵形，表面无毛，背面叶脉有疏毛和小瘤点。果单生叶腋，鲜红色。6—8 月开花。

【习性、分布、用途】喜湿润与阳光充足环境，生于山地、旷野或灌丛林下。分布于我国长江流域省区，越南也有分布。具较高的观赏价值，是理想的大厅内观叶植物。

图 5-39-16 琴叶榕

A. 植株 B. 树干 C. 叶形 D. 果枝

17. 面包树 *Artocarpus incisa*

【识别要点】常绿乔木，高 10～15 m，树皮灰褐色，粗厚。顶芽发达，托叶大，披针形或宽披针形，黄绿色，被灰色或褐色平贴柔毛，叶大，羽状分裂，互生，厚革质，两面无毛，表面深绿色，有光泽，背面浅绿色，叶柄粗有纵沟。花序单生叶腋。聚花果倒卵圆形或近球形，绿色至黄色，表面具圆形瘤状凸起，成熟后褐色至黑色。

【习性、分布、用途】性喜温热，原产于太平洋群岛及印度、菲律宾，为马来群岛一带热带著名林木之一。中国台湾、海南亦有栽培。木材质轻软而粗，可作建筑用材，果实为热带主要食品之一，果实风味类似面包，因此而得名。

图 5-39-17　面包树

A. 植株　B. 顶芽　C. 叶形　D. 聚花果

18. 号角树 *Cecropia peltata*

【识别要点】常绿乔木，气生根发达，枝干常中空，全株有毛。叶为盾形掌状裂，裂片 9～11，裂片长 30 cm 以上，叶柄长 20～30 cm，叶面粗糙，叶背淡白色有茸毛，成熟的叶片直径达 30 cm。雌雄异株，花序腋生。果实棍棒状，成熟时为赤褐色。

【习性、分布、用途】喜光，树干或膨大的基部中空，供蚂蚁营巢栖居，被称为“有生命的蚂蚁窝”。其支持根细长且生长快速，会随着树形的改变而生长，若是树形偏向某个方向，此方向的支持根数量便会增多，以免主干因重心不稳而倒伏。原产于墨西哥，我国广东、广西、云南引栽，现广州火炉山有野生。果实可供食用，枝条可制乐器，吹奏声音如号角。由于常有毒蚁居住在中空的树干中，故又名聚蚁树，是一种典形的蚁栖植物。

图 5-39-18 号角树

A. 叶形 B. 枝条

19. 穿破石 *Cudrania eoehinebi*

【识别要点】常绿直立小乔木或攀缘状灌木，高 2～8 m。根皮柔软，黄色。枝灰褐色，光滑，皮孔散生，具粗壮、直立或微弯的棘刺，长 5～10 mm。单叶互生，革质，倒卵状披针形、椭圆形或长椭圆形，先端钝或渐尖，基部楔形，全缘，两面无毛。花单性，雌雄异株，头状花序。聚花果球形，肉质。

【习性、分布、用途】喜阴湿环境，生于山坡、溪边、灌丛中。分布于湖南、安徽、浙江、福建、广东、广西等地。根药用，可祛风利湿、活血通经，治风湿关节疼痛、黄疸、淋浊、肿胀、闭经、劳伤咳血、跌打损伤、疔疮痈肿。

图 5-39-19 穿破石

A. 树干基部 B. 枝刺 C. 侧枝 D. 叶

20. 小叶胭脂 *Artocarpus styracifolius*

【识别要点】常绿乔木，高达 20 m，树皮暗褐色，小枝幼时密被白色短柔毛。叶互生排为 2 列，皮纸质，长圆形或倒卵状披针形，有时椭圆形，先端渐尖或尾状，基部楔形，略下延至叶柄，全缘，表面深绿色，背面被苍白色粉沫状毛，脉上更密，侧脉 4～7 对，表面平，背面不突起，网脉明显，托叶钻形，脱落。花雌雄同株，花序圆柱形，单生叶腋。聚花果球形。

【习性、分布、用途】喜阴湿环境，生于山坡、溪边、灌丛中。主要分布于海南、广东、广西等密林中。木材较软，可作家具材料用材。果酸甜，可作果酱。树皮傣族用来染牙齿。根药用，性甘、温，祛风除湿，舒筋活血，用于风湿关节痛、腰肌劳损、半身不遂、跌打损伤、扭挫伤。

图 5-39-20 小叶胭脂

A. 树干 B. 树形 C. 叶 D. 花枝

G40 葡萄科 Vitaceae

攀缘藤本，常具卷须，稀为小乔木。叶互生，单叶或复叶，常具透明斑点，有托叶或无。花小，两性或单性，排成与叶对生的聚伞或圆锥花序，稀总状或穗状花序，花梗常聚生，子房上位，2 室，每室 1～2 胚珠，中轴胎座。浆果。

约 16 属 700 种，产于热带至温带，我国 9 属 150 余种，南北均有分布，野生或攀缘植物。供绿化用，有的果味美，可食。

1. 爬山虎（地锦）*Parthenocissus tricuspidata*

【识别要点】落叶藤本，卷须短，分枝多，顶端有吸盘。叶形变化很大，通常宽卵形，先端多 3 裂，或深裂成 3 小叶，基部心形，边缘有粗锯齿，背面脉上常有柔毛，仅在植株基部 2～4 个短枝上着生有三出复叶。聚伞花序常生于短枝顶端两叶之间，花小，黄绿色。浆果球形，蓝黑色，被白粉。

【习性、分布、用途】适应性强，性喜阴湿环境，但不怕强光，耐寒，耐旱，耐贫瘠，气候适应性广泛，生长快。原产于亚洲东部，我国各地均有分布。为优良的垂直绿化树种，可绿化岩壁、墙垣和树干等。

图 5-40-1 爬山虎

A. 植株（落叶） B. 景观 C. 叶形 D. 吸器

2. 葡萄 *Vitis vinifera*

【识别要点】落叶木质藤本，长达 30 m，具分叉卷须，与叶对生，茎无皮孔，小枝光滑红褐色，枝髓褐色。叶互生，基部心形，叶卵圆形，掌状 3～5 浅裂，裂片尖，具不规则的粗锯齿。圆锥花序与叶对生，花小，黄绿色，杂性同株，圆锥花序大而长，有香味。浆果绿色、紫红色或黄绿色，表面被白粉。花期 5—6 月，果期 8—9 月。

【习性、分布、用途】葡萄品种很多，对环境条件的要求和适应能力因品种而异。总的来说，性喜光，喜干燥及夏季高温的大陆性气候，冬季需要一定低温，但严寒时又必须埋土防寒，于土层深厚、排水良好、温度适中的微酸性至微碱性沙质或砾质土壤中生长最好，耐干旱，怕涝。扦插和压条繁殖。原产于亚洲西部，我国引栽已有 2 000 多年，分布极广。

为世界主要水果之一，是园林垂直绿化结合生产的理想树种，果穗、果形、果色各异，观赏价值大，叶大繁茂，蔽荫效果好，为棚架绿化，栅栏、屋顶和阳台绿化的好材料。

图 5-40-2 葡萄

A. 植株 B. 果实 C. 果枝 D. 叶

G41 芸香科 Rutaceae

乔木、灌木或木质藤本，体内具芳香油，有香气。叶片对光有透明油点，叶多互生，少对生，一回羽状复叶或单身复叶，无托叶。花两性，聚伞或圆锥花序，有时单生，萼 4～5 裂，雄蕊与花瓣同数或为其倍数，着生于花盘基部，花丝分离或基部合生，子房上位。柑果、浆果、蓇葖果、核果或蒴果，稀翅果。

约 150 属 1 700 余种，我国有 28 属约 150 种。主产于热带和亚热带，少数产于温带。

1. 楝叶吴茱萸 *Euodia meliaefolia*

【识别要点】树高达 20 m，胸径 80 cm。树皮灰白色，不开裂，密生皮孔。一回奇数羽状复叶，小叶 7～11 片，对生，基部偏斜，背面灰白色，斜卵状披针形，叶缘有细钝齿或全缘。圆锥花序顶生，花小而多，蓇葖果。

【习性、分布、用途】速生，生长在土质较肥沃处。在广东西南部多分布，树干通直，10 余年内可以成材，根及果用作草药。

图 5-41-1　楝叶吴茱萸

A. 树形　B. 秋景　C. 花序

2. 黄皮 *Clausena lansium*

【识别要点】常绿小乔木，高可达 12 m，树皮粗，皮孔密集，小枝、叶柄、叶轴及背脉均具细毛及黑色瘤状小凸起，具浓烈的香味。一回奇数羽状复叶，叶轴有粗毛，小叶卵形或卵状椭圆形，两侧不对称，叶缘有锯齿。圆锥花序顶生，花小，黄白色。浆果淡黄至暗黄色，果肉乳白色，半透明。

【习性、分布、用途】适生于湿润、温暖环境，原产于中国南方，果供食用，含丰富的维生素 C、糖、有机酸。

图 5-41-2　黄皮

A. 树形　B. 枝叶　C. 花序　D. 果实

3. 柑橘 *Citrus reticulata*

【识别要点】小乔木，高可达 4～5 m，枝刺短小或无刺，小枝无毛。单身复叶，椭圆形至椭圆状披针形，先端钝尖，常微凹，全缘或有细锯齿，侧脉明显，叶柄近无刺。花黄白色，单生或 2～3 簇生叶腋。柑果扁球形，橙黄色或橙红色，果皮与果肉易于剥离。花期 4—5 月，果期 10—12 月。

柑类：果较大，径 5 cm 以上，果皮较粗糙而稍厚，剥皮稍难，如蕉柑、芦柑等。

橘类：果较小，径常小于 5 cm，果皮较薄而平滑，极易剥离，如红橘、蜜橘等。

【习性、分布、用途】喜光，喜温暖湿润气候，不耐低温，适合肥沃偏酸性土，播种和嫁接繁殖。产于我国东南部，长江以南各地广泛栽培。观果及食用，为广东四大名果之一，品种多，作为庭园栽植，观赏价值不低，因其四季常青，树冠整齐，叶色葱绿，春季花香浓郁，秋冬果实累累，故为大众所喜爱，在大型园林中可辟柑橘园，小型庭园中则宜孤植或从植，可兼收采果及观赏之利。

图 5-41-3 柑橘

A. 树形 B. 树干 C. 叶 D. 果实

4. 柚子 *Citrus maxima*

【识别要点】常绿乔木，枝具尖刺，嫩枝、叶背、花梗、花萼及子房均被柔毛，嫩叶通常暗紫红色，嫩枝扁且有棱。单身复叶，叶具香味，叶轴翅较宽，具刺，叶质颇厚，色浓绿，阔卵形或椭圆形。总状花序，有时兼有腋生单花，花蕾淡紫红色，稀乳白色，花萼不规则 3～5 浅裂，花柱粗长，柱头略较子房大。果圆球形、扁圆形、梨形或阔圆锥状，较大，果皮不易分离，中果皮纤维较厚，果熟后为黄色，种子多达 200 余粒，形状不规则，通常近似长方形。花期 4—5 月，果期 9—12 月。

图 5-41-4 柚子

A. 树枝 B. 叶 C. 花 D. 果实

【习性、分布、用途】喜光，喜温暖湿润气候，不耐低温，适合肥沃偏酸性土，播种和嫁接繁殖。中国长江以南各地，最北限于河南省信阳及南阳一带，全为栽培，东南亚各国有栽种。果肉含维生素 C 较高，有消食、解酒毒功效。

5. 橙 *Citrus sinensis*

【识别要点】小乔木，近无刺或具短刺。单身复叶，椭圆形至卵形，全缘或具不明显钝齿，叶柄具狭翅，对光看透明油点极小。柑果近球形，橙黄色，果径 5 cm 左右，果皮与果肉不易分离。花期 5 月，果期 11 月至翌年 2 月。

【习性、分布、用途】喜光，喜温暖湿润气候，不耐低温，原产于我国东南部，长江以南广泛栽培。品种很多为我国南方著名水果之一。

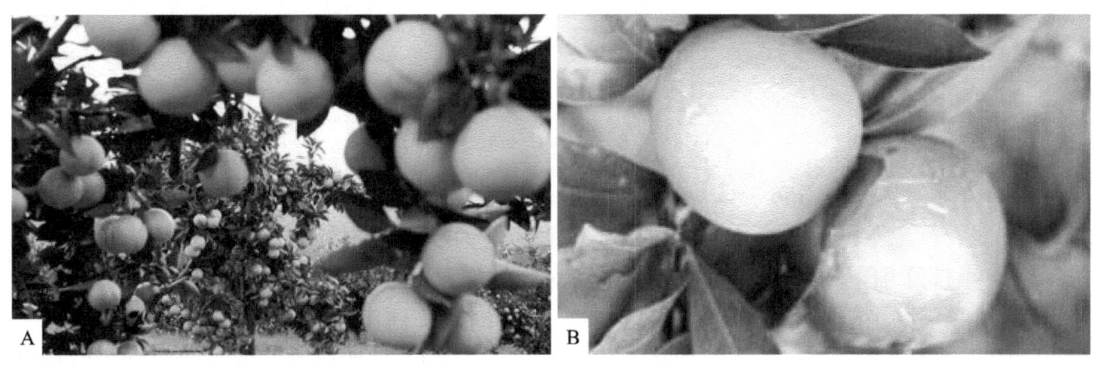

图 5-41-5 橙

A. 树形 B. 果枝

G42 海桑科 Sonneratiaceae

1. 八宝树 *Duabanga grandiflora*

【识别要点】常绿大乔木，高达 40 m，胸径 1.5 m，略具板根。树皮灰白色，不裂，树干通直。老枝四棱形，下垂。单叶对生，全缘，长椭圆形，先端尖，基部浅心形，羽状脉，侧脉多数近平行，叶柄极短。大型伞房花序顶生，花白色。蒴果球形瓣裂，具有厚革质的宿存萼。

【习性、分布、用途】喜温湿，产于中国广西西南部及云南南部山谷或溪边热带雨林中，速生用材树种。

图 5-42-1 八宝树

A. 树干 B. 树形 C. 枝叶 D. 子房

2. 无瓣海桑 *Sonneratia apetala*

【识别要点】常绿乔木，树干圆柱形不开裂，有笋状呼吸根伸出水面。茎干灰色，幼时浅绿色。小枝纤细下垂，有隆起的节。单叶对生，厚革质，椭圆形至长椭圆形，叶柄淡绿色至粉红色。总状花序，花瓣缺，雄蕊多数，花丝白色，柱头蘑菇状。浆果球形。

【习性、分布、用途】适生于海岸滩涂盐土上，原产于孟加拉国，现华南引种为红树林的重要树种，作海岸防护林。

G43 桑寄生科 Loranthaceae

1. 桑寄生 *Taxillus sutchuenensis*

【识别要点】常绿寄生小灌木。老枝无毛，有凸起灰黄色皮孔，小枝稍被暗灰色短毛。单叶对生或近对生，革质，卵圆形至长椭圆状卵形，长 3～8 cm，宽 2～5 cm，先端钝圆，全缘，幼时被毛。聚伞花序 1～3 个聚生叶腋。浆果椭圆形，有瘤状突起。

【习性、分布、用途】寄生于白兰、构树、槐树、榆树、木棉、美丽异木棉、朴树等树干上。产于福建、台湾、广东、广西、云南。可入药。

图 5-43-1 桑寄生

A. 寄主树干 B. 树形 C. 枝叶 D. 花果

2. 棱枝槲寄生 *Viscum diospyrosicolum*

【识别要点】亚灌木，高 0.3～0.5 m，直立或披散。枝交叉对生或假二叉分枝，位于茎基部或中部以下的节间近圆柱状，小枝的节间稍扁平，干后具明显的纵肋 2～3 条。幼苗期具叶 2～3 对，叶片薄革质，椭圆形或长卵形，顶端钝，基部狭楔形，基出脉 3 条，成长植株的叶退化呈鳞片状。聚伞花序。果椭圆形，黄色。

【习性、分布、用途】喜阴，生长于阔叶林中，寄生于栲树、樟树、南洋楹、柿树等树干上，分布于华南和西南地区，可治发热和咳嗽。

G44 檀香科 Santalaceae

1. 檀香 *Santalum album*

【识别要点】常绿小乔木，高约 10 m。树皮褐色，粗糙或有纵裂。枝圆柱状，带灰褐色，具条纹，有密集的皮孔和半圆形的叶痕。分枝多，幼枝光滑无毛，小枝细长，淡绿色，节间稍肿大。单叶对生，叶椭圆状卵形，膜质，长 4～8 cm，宽 2～4 cm，先端急尖或近急尖，基部楔形或阔楔形，边缘波状，背面有白粉。

【习性、分布、用途】喜热带气候，原产于印度尼西亚、马来西亚，我国华南引栽，全身是宝，有重要的药用价值。

图 5-44-1　檀香

A. 树形　B. 枝叶

2. 寄生藤 *Henslowia frutescens*

【识别要点】木质藤本，枝三棱形，扭曲。单叶互生，倒卵形至阔椭圆形，叶厚呈软革质，扁平，先端圆钝，有短尖，基部收狭而下延成叶柄，基出脉 3 条。花通常单性，雌雄异株，核果。

【习性、分布、用途】营寄生的植物，它的寄生不易被人发现，而是在地下深入其他植物的根或茎，吸取营养而生活。分布于广西、福建、云南、广东等地。具散血、消肿、止痛功能，可治刀伤、跌打。

图 5-44-2　寄生藤

A. 枝叶　B. 果实

G45 猕猴桃科 Actinidiaeae

猕猴桃 *Actinidia chinensis*

【识别要点】茎长达 10 m，枝上有柔毛。单叶互生，纸质，近圆形，叶缘有细锯齿，背面密生棕色绒毛。花白色或淡黄色，雌雄异株，多朵簇生。浆果椭圆形，密被长柔毛。

【习性、分布、用途】喜光，稍耐阴，适应性强。分布于我国长江流域以南各省区。可作花架、绿廊配植，为优良的观花、观果棚架材料。

图 5-45-1　猕猴桃

A. 植株　B. 花　C. 果枝　D. 果实内部

G46 楝科 Meliaceae

木本，多为乔木。叶为羽状复叶，互生，小叶基部常偏斜，多对生，无托叶。花小，两性，整齐，常为聚伞状圆锥花序，萼片与花瓣 4～5 裂，有时合生，雄蕊通常为花瓣的 2 倍，花丝常合生成各种形状（仅香椿属花丝分离），花药着生在雄蕊筒的先端，子房上位，2～5 室，每室 1～2 胚珠。浆果、核果或蒴果。

约 50 属 1 400 余种，分布于热带、亚热带地区。我国 14 属约 60 种，另引栽 3 属 3 种，主产于长江以南。

1. 大叶桃花心木（美洲红木）*Swietenia macrophylla*

【识别要点】乔木，高达 25 m 以上，树皮淡红褐色。叶互生，偶数羽状复叶，小叶对生，革质，卵形或卵状披针形，两侧不对称，基部偏斜，下面网脉细致明显。圆锥花序腋生，花瓣白色，花丝合生成坛状。核果卵球形，种子多数，有翅。

【习性、分布、用途】喜光，适肥沃深厚土壤，不耐霜冻，生长速度快。原产于南美洲，我国广东、海南、福建有栽培，为高级用材，是世界名材之一，为高级家具、造船、军工用材，枝叶浓密，树形美观，是庭园绿化优良树种。

图 5-46-1 大叶桃花心木

A. 植株 B. 树干及嫩叶 C. 复叶

2. 塞楝（非洲楝、非洲桃花心木）*Khaya senegalensis*

【识别要点】乔木，高达 20 m 或更高，树皮呈鳞片状开裂，嫩枝有暗褐色皮孔。叶互生，偶数羽状复叶，小叶互生或近对生，顶端 2 小叶对生，长圆形，下部的有时卵形，大小差异较大，顶端突尖，基部不等，稍偏斜，背面网脉蜂窝状。圆锥花序顶生或上部叶腋生，短于叶，花丝合生成壶状。蒴果球形。

图 5-46-2 塞楝

A. 树干 B. 树冠 C. 侧枝 D. 复叶

【习性、分布、用途】阳性树种，喜温热，原产于热带非洲，我国华南引栽。树冠浓荫整齐，为优良的园景树、庭荫树和行道树。

3. 苦楝 *Melia azedaeach*

【识别要点】落叶乔木。树冠宽而顶平，幼树皮平滑，皮孔多而明显。嫩枝绿色，被星状柔毛。2～3 回奇数羽状复叶，羽片和小叶均对生，小叶卵状椭圆形或卵状披针形，缘有粗锯齿，基部略偏斜。圆锥花序芳香，淡紫色，花丝合生成管状，紫色。核果卵圆形，黄绿色。

【习性、分布、用途】喜光，我国广布。为优良“四旁”绿化树种。

图 5-46-3 苦楝

A. 树形 B. 枝叶 C. 花枝 D. 果枝

4. 麻楝 *Chukrasia tabularis*

【识别要点】常绿大乔木，高达 38 m，树皮具粗大皮孔。幼苗期叶为 2～3 回羽状复叶，后变为一回偶数羽状复叶，小叶互生，纸质，卵形至长椭圆状披针形，下面脉腋具簇毛。圆锥花序顶生，花丝合生成筒状。蒴果近球形。

【习性、分布、用途】速生，抗污染，易栽培，产于我国两广和云南。树形整齐美观，为优良的庭园绿化树种和用材树种。

图 5-46-4 麻楝

A. 树形 B. 枝叶 C. 花序 D. 花

图 5-46-5 四季米仔兰

5. 四季米仔兰 *Aglaia duperreana*

【识别要点】常绿灌木或小乔木，多分枝。一回奇数羽状复叶，叶轴及小叶柄均有狭翅。圆锥花序顶生，花黄色，芳香，花丝合生成管状。浆果卵形或近球形。

【习性、分布、用途】喜温湿，原产于东南亚。用作绿篱。

6. 米仔兰 *Aglaia odorata*

【识别要点】常绿小乔木。羽状复叶，互生，叶柄上有极狭的翅，每复叶有 3～7 片倒卵圆形的小叶，全缘，叶面深绿色，有光泽，叶较大。小型圆锥花序，着生于树端叶腋，花很小，黄色，香气甚浓。花期很长，以夏、秋两季开花最盛。

【习性、分布、用途】喜温暖、湿润的气候，怕寒冷，适合生于肥沃的土壤，原产于中国华南地区，夏秋开黄色花，园林中用于盆栽观赏。

图 5-46-6 米仔兰

7. 大叶山楝 *Aphanamixis grandifolia*

【识别要点】乔木，高达 30 m。叶通常为奇数羽状复叶，有小叶 11～21 片，小叶对生，革质，无毛，长椭圆形，长 17～26 cm，宽 6～10 cm，先端渐尖而钝，基部一侧圆形，另一侧楔形，偏斜，最下部的小叶较小，卵形，基部圆形，侧脉 13～20 对，广展，于近边缘处连结，小叶柄粗壮，长约 1 cm。花序腋生，雄花组成圆锥花序，广展，雌花和两性花组成穗状花序。蒴果球状梨形。

【习性、分布、用途】喜阴湿环境，生于低海拔至中海拔山地、沟谷、密林或疏林中，产于广东、广西、云南等省区，分布于中南半岛、马来半岛及印度尼西亚等。材质优良，园林绿化优良树种。

图 5-46-7 大叶山楝

A. 树干 B. 树形 C. 复叶

8. 红椿 *Toona ciliata*

【识别要点】大乔木，高可达 20 m，小枝初时被柔毛，后渐无毛，有稀疏的苍白色皮孔。叶为一回偶数羽状复叶，长 25～40 cm，通常有小叶 7～8 对，小叶对生或近对生，纸质，长圆状卵形或披针形，先端尾状渐尖，基部一侧圆形，另一侧楔形，不等边，边全缘，

两面均无毛或仅于背面脉腋内有毛，侧脉每边12～18条，背面凸起。圆锥花序顶生，蒴果长椭圆形，木质，干后紫褐色，有苍白色皮孔。

【习性、分布、用途】喜温湿，耐阴，产于福建、湖南、广东、广西、四川和云南等省区，多生于低海拔沟谷林中或山坡疏林中。分布于印度、中南半岛、马来西亚、印度尼西亚等。木材赤褐色，纹理通直，质软，耐腐，适宜建筑、车舟等，园林绿化树种。

图5-46-8 红椿

A. 树干 B. 树形 C. 复叶

9. 香椿 *Toona sinensis*

【识别要点】乔木，树皮粗糙，深褐色，片状脱落。幼叶淡红色，叶具长柄，偶数羽状复叶，小叶16～20，对生或互生，纸质，卵状披针形或卵状长椭圆形，先端尾尖，基部一侧圆形，另一侧楔形，不对称，边全缘或有疏离的小锯齿，两面均无毛，无斑点，背面常呈粉绿色，侧脉每边18～24条，平展，与中脉几成直角开出，背面略凸起。圆锥花序与叶等长或更长。蒴果狭椭圆形，长2～3.5 cm，深褐色，有小而苍白色的皮孔。

图 5-46-9　香椿

A. 树干　B. 侧枝　C. 幼叶　D. 复叶

【习性、分布、用途】喜温，适宜在平均气温 8～10℃的地区栽培，抗寒能力随树龄的增加而提高。产于陕西、贵州和云南，生于山坡或溪旁，广东栽培作园林绿化树，嫩芽可供食用。

G47 橄榄科 Burseraceae

1. 橄榄 *Canarium album*

【识别要点】常绿大乔木，树皮灰白色，有胶黏性芳香的树脂。一回奇数羽状复叶互生，小叶对生，有橄榄香气，具短柄，卵状矩圆形，基部偏斜，背面于网脉上有小窝点，侧脉末端不相连。花小，组成腋生的圆锥花序，花杂性，白色。核果椭圆形，黄绿色，核两端尖。

【习性、分布、用途】喜温湿，常生于低海拔的山地林中，稍耐阴，喜热带亚热带气候，在深厚肥沃土壤中生长良好，由于根系深长，抗风力强，播种繁殖。分布于中国南部和越南，其果实含钙质和维生素 C，营养丰富，且易被人体吸收，为优质水果。干形端直，姿态秀丽，枝叶茂密，绿荫如盖，在其分布地区是优美的行道树，在庭园栽植，则不仅提供绿荫，也可产果供食用。又因其根深叶茂，抗风力强，还可作为海防林树种。

图 5-47-1　橄榄

A. 树形　B. 复叶　C. 果实

2. 乌榄 *Canarium pimela*

【识别要点】常绿大乔木，树干通直，光滑，少剥落。一回羽状复叶，小叶较宽，基部偏斜，比橄榄香气更浓，上面网脉明显，下面平滑，网脉上无小窝点。花序长于叶。核果熟时黑色，核两端钝。

【习性、分布、用途】喜温湿，常生于低海拔的山地林中。分布于中国南部和越南，其果实含钙质和维生素C，营养丰富，且易被人体吸收，为优质水果。树干通直，高大雄伟，生长快，可作行道树和园景树。

图5-47-2 乌榄

A. 树形 B. 枝叶 C. 果实

G48 杜鹃花科 Ericaceae

1. 毛杜鹃 *Rhododendron pulchrum*

【识别要点】常绿灌木，分枝稀疏，幼枝密生淡棕色扁平伏毛。花多，花大，花冠漏斗状，花有红、白等色。

【习性、分布、用途】喜凉爽湿润和阳光充足的环境。耐寒，怕热，耐半阴，不耐长时间强光暴晒。土壤以肥沃、疏松、排水良好的酸性沙质壤土为宜。在我国南部栽培，可修剪成形，林下布置，亦可与其他植物配合种植形成模纹花坛，也可单独成片种植。

2. 比利时杜鹃 *Rhododendron hybrida*

【识别要点】常绿灌木，分枝多。叶互生，长椭圆形，深绿色。总状花序，花顶生，漏斗状，花有半重瓣和重瓣，花色有红、粉、白、玫瑰红和双色等。

【习性、分布、用途】喜光，一年四季都可以开花，花期可以控制。原产于比利时，我国引栽，是世界盆栽花卉生产的主要种类之一。

图 5-48-1 毛杜鹃

A. 植株（1） B. 植株（2） C. 花（1） D. 花（2）

图 5-48-2 比利时杜鹃

A. 景观 B. 枝叶 C. 盆花（1） D. 盆花（2）

G49 无患子科 Sapindaceae

常绿乔木，多为羽状复叶，互生，稀单叶或掌状复叶，无托叶。花两性或杂性，有时单性，圆锥或总状花序，花丝分离，有毛，子房上位，中轴胎座。蒴果，核果或翅果。

约 150 属 2 000 余种，我国 25 属 53 种，主产于长江流域以南。

1. 龙眼（桂圆、圆眼、龙目）*Dimocarpus longan*

【识别要点】常绿乔木，高达 10 m，树皮粗糙，薄片剥落，小枝具浅沟槽，幼枝生锈色柔毛及凸起。一回偶数羽状复叶互生，小叶 3～7 对，长椭圆形或长椭圆状披针形，基部稍不对称，侧脉在叶面明显。圆锥花序顶生。特殊浆果，黄褐色，果皮平滑，种子有白色、肉质、半透明而多汁的假种皮。

【习性、分布、用途】喜光，产于华南、西南、四川、福建及台湾等省区，中国特产。为华南常见佳果，供观赏和食用。

图 5-49-1 龙眼

A. 树形 B. 果枝 C. 花枝 D. 果实

2. 荔枝（离枝、丹荔、火山）*Litchi chinensis*

【识别要点】常绿大乔木，实生树高可达 30 m，胸径 1 m，栽培品种分枝低，树皮灰褐色，不裂。偶数羽状复叶，小叶椭圆形或椭圆状披针形，革质，光亮，下面粉绿色，中脉在上面凹下，侧脉不明显。圆锥花序顶生，花小，杂性同株，绿白色，萼杯状，无花瓣。

特殊浆果，熟时红色，果皮具明显的瘤状凸起，种子有白色、肉质、半透明而多汁的假种皮。

【习性、分布、用途】喜光，要求温暖湿润气候，喜深厚富腐殖质的土壤。中国特产，海南及雷州半岛有天然林，华南、云南、四川及台湾有栽培。为世界著名水果，亦为优良用材及观赏树。我国栽培逾千年，现福建省内有千年老树。诗人有“日啖荔枝三百颗，不辞长作岭南人”的名句，令人想象出荔枝果的香甜美味。其树姿优美，新叶橙红，尤以果时丹实累累，令人陶醉。在园林中尽可充分利用，因树势强健，不需要特殊管理，可兼收观赏啖果之利，福州、深圳、广州等地常见，孤植、行植、群植均宜，为优良蜜蜂源植物，其变种野生荔枝为国家二级重点保护树种。

图 5-49-2 荔枝

A. 树形 B. 嫩叶 C. 花枝 D. 果枝

3. 无患子 *Sapindus mukorossi*

【识别要点】落叶乔木，树皮黄褐色，树冠广卵形或圆球形。偶数羽状复叶，小叶 5～8 对，对生或近对生，椭圆状披针形，无毛，侧脉纤细，网脉明显。圆锥花序顶生，有茸毛。浆果球形，果基一侧常有大疤痕，种子无假种皮。

【习性、分布、用途】喜温湿，产于我国淮河流域至华南及云南。冠大荫浓，秋季叶色金黄，为优美的秋色叶树。病虫害少，对 SO_2 抗性较强，适于污染区绿化。

图 5-49-3 无患子

A. 树形 B. 嫩叶 C. 花枝 D. 果枝

4. 复羽叶栾树（国庆花）*Koelreuteria bipinnata*

【识别要点】落叶大乔木，高达 20 m 以上。二回羽状复叶，有小叶 9～15 枚，叶纸质或近革质，斜卵形或斜卵状长圆形。圆锥花序顶生，长 15～25 cm，花黄色，花瓣 4，线状披针形。蒴果椭圆状卵形，顶端浑圆而有小尖头，成熟时紫红色。

【习性、分布、用途】树大荫浓，更有夏日黄花，秋日红果，为优美的园景树、庭荫树及行道树。

图 5-49-4 复羽叶栾树

A. 树形 B. 景观 C. 花树 D. 果枝

G50 漆树科 Anacardiaceae

常绿乔木或小乔木，体内有乳汁或有酸味，韧皮部有树脂道。叶互生，奇数羽状复叶或单叶，无托叶。花小，整齐，单性或两性，圆锥花序，花萼 3～5 裂，花瓣 3～5，稀无花瓣，雄蕊 5～10，子房上位，1 室，每室有倒生胚珠 1 枚。核果通常只有 1 枚种子，无胚乳。

共 60 余属 600 余种，分布于热带、亚热带，少数至温带。我国 16 属 54 种，引入 5 属 5 种。

1. 人面子（仁面、银稔）*Dracontomelon duperreranum*

【识别要点】常绿大乔木，高 30～40 m，具板状根，幼枝被灰色茸毛，老枝具三角形的叶柄痕。一回奇数羽状复叶，小叶 5～7 对，常互生，长椭圆形至披针形，有香气，背面脉腋有簇生毛，先端渐尖，基部偏斜，两侧不等，全缘，网脉在叶两面凸起。圆锥花序，花小，白色。果扁球形，表面有突点，果核具 5 个大小不等的萌发孔，状似人面五官，故名。

图 5-50-1 人面子

A. 树形 B. 枝叶与花 C. 果枝 D. 果实

【习性、分布、用途】阳性树种，喜高温多湿环境，不耐寒，对土壤要求不严，萌芽力强，播种繁殖。产于两广，常生于低山丘陵中，在珠三角广泛栽培。树冠浓荫，树形整齐，枝叶茂盛，遮阳效果好，叶片层次清晰，终年常绿有光泽，具热带风光，为优美的庭荫树、绿荫树、行道树及园景树，果实供食用。

2. 芒果（杧果、檬果）*Mangifera indica*

【识别要点】乔木，高达 25 m，树冠浓密，枝叶搓之有芒果香味。叶聚生枝顶，披针形至长椭圆形，中脉粗壮，侧脉在两面凸起，网脉明显，先端渐尖，边缘波状，无毛。圆锥花序顶生，花小，杂性，芳香，4～5 数，雄蕊 5，仅 1 枚发育，子房 1 室 1 胚珠。核果长卵形至椭圆形，稍扁，熟时淡黄色。春季开花，5—8 月果熟。

【习性、分布、用途】喜光，热带及亚热带树种，要求温暖湿润气候，在土壤肥沃沙质土中生长良好，原产于印度及马来西亚，我国华南引栽。为世界著名果树。树冠广阔，树姿美观，嫩叶富色彩变化。花开时色彩淡雅，芳香扑鼻，结果时佳果累累，令人垂涎，为庭园观花观果佳品，作为庭荫树或行道树备受赞誉，常见于广州、深圳等地庭园中，该树种是热带名果，果香味甜。

图 5-50-2　芒果

A. 树形　B. 枝叶　C. 花枝　D. 果实

3. 扁桃 *Mangifera persiciformis*

【识别要点】常绿乔木，树冠塔形，枝圆柱形，无毛，灰褐色，具条纹，枝叶有乳汁。叶薄革质，狭披针形或线状披针形，长 11～20 cm，宽 2～2.8 cm，先端急尖或短渐尖，基部楔形，边缘皱波状，无毛，中脉两面隆起，侧脉约 20 对，斜升，近边缘处弧形网结，侧脉和网脉两面凸起，叶柄长 1.5～3.5 cm，上面具槽，基部增粗。圆锥花序顶生，无毛，自基部分枝。果桃形，略压扁，果肉较薄，果核大。

【习性、分布、用途】喜光，热带及亚热带树种，在珠三角地区城市绿化中应用非常广泛。

图 5-50-3　扁桃

A. 花序　B. 枝叶　C. 果枝

4. 盐肤木 *Rhus chinensis*

【识别要点】落叶小乔木或灌木，高可达 10 m，小枝棕褐色。一回奇数羽状复叶，叶轴具宽翅，叶缘有锯齿，叶片多形，卵形或椭圆状卵形或长圆形，先端急尖，基部圆形，顶生小叶基部楔形，叶面暗绿色，叶背粉绿色，小叶无柄。圆锥花序宽大，多分枝，雌花序较短，密被锈色柔毛；苞片披针形，花白色，裂片长卵形，花瓣倒卵状长圆形，开花时外卷；花丝线形，花药卵形；子房不育，卵形。核果球形，略压扁，成熟时红色。8—9 月开花，10 月结果。

【习性、分布、用途】适生于海拔 170～2 700 m 的向阳山坡、沟谷、溪边的疏林或灌丛中。我国多数省区均有分布。荒山绿化树种。

图 5-50-4 盐肤木

A. 树形 B. 枝叶 C. 花枝

5. 野漆树 *Rhus sylvestris*

【识别要点】落叶乔木或小乔木，高达 10 m。叶与茎皮有鞣质，可引起过敏，小枝粗壮，无毛，顶芽大，紫褐色，外面近无毛。一回奇数羽状复叶互生，常集生小枝顶端，无毛，长 25～35 cm，有小叶 4～7 对。圆锥花序，核果。

【习性、分布、用途】性喜光，喜温暖，不耐寒，耐干旱、贫瘠的砾质土，忌水湿。分布于华北、华东、中南、西南及台湾等地。主要作绿化荒山植物。枝叶有毒，可引起痒痛红肿。

6. 岭南酸枣 *Spondias lakonensis*

【识别要点】落叶乔木，高 7～10 m，除花序及幼叶有柔毛外全体无毛。枝叶有透明乳

图 5-50-5　野漆树

A. 树形　B. 枝叶　C. 果枝

图 5-50-6　岭南酸枣

A. 树形　B. 侧枝　C. 幼叶　D. 果实

汁，一回奇数羽状复叶，互生，小叶 11～23 枚，近对生，具短柄，膜质至纸质，叶基偏斜，全缘。圆锥花序生于上部叶腋内，花小，杂性同株。核果肉质，近球形。

【习性、分布、用途】喜阳光，多生于疏林、溪旁，分布于广东、福建。果可食，甜美有酒香，种子油是制肥皂的好原料。

G51 五加科 Araliaceae

1. 鹅掌柴 *Schefflera octophylla*

【识别要点】灌木，掌状复叶，小叶 7～9 枚，椭圆形，叶全缘，表面深绿色。花青白色，复总状花序，顶生。果实球形。花期 7—10 月，果期 9—11 月。

【习性、分布、用途】喜光，耐干旱，耐湿，分布于我国东南部地区，在园林中广泛用作观赏灌木。果为鸟类冬季喜爱的食物，也是一种优良的蜜源植物。

图 5-51-1 鹅掌柴

A. 树形 B. 枝叶 C. 花序 D. 果枝

2. 花叶鹅掌柴 *Schefflera odorata* cv. Variegata

【识别要点】灌木，掌状复叶，小叶椭圆形，表面有花白色斑块。

【习性、分布、用途】喜光，在华南园林中广泛用作观赏灌木。

3. 昆士兰伞树 *Schefflera actinophylla*

【识别要点】常绿乔木，树冠伞形，茎秆直立，嫩枝绿色，后呈褐色，平滑。掌状复叶有小叶多枚，生于茎顶部，小叶片椭圆形，先端钝，有短突尖，叶缘波状，革质，叶面浓

图 5-51-2　花叶鹅掌柴

A. 枝叶　B. 花蕾　C. 花序

绿色，有光泽，叶背淡绿色，叶柄红褐色。穗状花序红色，多分枝如章鱼爪，故有“章鱼树”之称。

【习性、分布、用途】喜温暖湿润环境，产于澳洲及太平洋中的小岛屿，我国南部热带地区亦有分布。为绿化观赏树。

图 5-51-3　昆士兰伞树

A. 植株　B. 景观　C. 花序　D. 果序

4. 孔雀木 *Dizygotheca elegantissima*

【识别要点】常绿小乔木或灌木。树干不分枝，上有叶痕，叶掌状复叶，叶面革质，暗绿色，状似细长的手指，具粗锯齿的叶缘，或略呈羽状浅裂，呈放射状着生，交错排列。与之相似的为小叶孔雀木，叶较小。

【习性、分布、用途】喜温暖湿润、阳光充足的环境和疏松肥沃、排水良好的土壤，我国华南栽培观赏。

图 5-51-4 孔雀木

A. 植株 B. 叶 C. 花序 D. 小叶孔雀木

5. 幌伞枫 *Heteropanax fragrans*

【识别要点】常绿乔木，树干常不分枝或少分枝。叶聚集于干顶或枝顶，3～5 回奇数羽状复叶，小叶椭圆形，全缘，上面有光泽，具柄下芽。伞形花序再总状排列成圆锥花序，花小，黄色，密生褐色星状毛。蒴果扁形。

【习性、分布、用途】产于云南及两广。树冠圆整如张伞，颇美观，广州多作行道树及绿荫树。根及树皮入药，是治疮毒之良药。

图 5-51-5 幌伞枫

A. 植株 B. 枝叶 C. 花序 D. 果序

6. 八角金盘 *Fatsia japonica*

【识别要点】常绿灌木或小乔木，茎光滑无刺。叶柄较长，叶片大，革质，近圆形，掌状 7～9 深裂，裂片长椭圆状卵形，先端短渐尖，基部心形，边缘有疏粗锯齿，叶表面暗绿色，背面淡绿色，有粒状凸起，边缘有时呈金黄色，侧脉在两面显著隆起。圆锥花序顶生，果近球形。

【习性、分布、用途】喜湿，我国华北、华东、华南均有分布，栽培观赏。

7. 南洋森（福禄桐）*Polyscias guifoylei*

【识别要点】常绿小乔木或灌木，枝和茎纤细而柔韧，新生长部分有明显皮孔。叶变化大，2～3 回羽状复叶，小叶 5～7 枚，在幼年期和成年期间变异较大，小叶卵圆至圆形或条状披针形，有锯齿，边缘时有白纹，有许多变型。伞形花序圆锥状，花小且多。果实为浆果状。

【习性、分布、用途】喜热，产于我国南海诸岛和亚洲热带地区。枝条细软，叶色斑驳多彩，株形柔和优美，是较理想的室内观叶植物。它常以中小盆种植，用于明亮的客厅、过道、窗台等处绿化装饰。一般用作室内观赏植物。在热带广泛用作景观植物和绿篱植物。

与之同属作观赏植物的还有圆叶南洋森，常绿灌木或小乔木，植株多分枝，茎干灰褐色，密布皮孔，枝条柔软。叶互生，三出复叶或单叶，小叶宽卵形或近圆形，基部心形，边缘有细锯齿，叶面绿色，有花叶、银边等品种。

图 5-51-6 八角金盘

图 5-51-7 南洋森

G52 蓝果树科 Nyssaceae

喜树 *Camptotheca acuminata*

【识别要点】落叶乔木，高达 20 m。树皮灰色或浅灰色，纵裂成浅沟状。小枝圆柱形，平展，当年生枝紫绿色，有灰色微柔毛，多年生枝淡褐色或浅灰色，无毛，皮孔较密，叶柄紫红色。 单叶互生，2 列排列，叶椭圆形，叶脉羽状，侧脉明显，叶基略偏斜。头状花序，果有狭翅。

【习性、分布、用途】喜光，不耐严寒干燥。深根性，萌芽率强。较耐水湿，在酸性、中性、微碱性土壤均能生长，在石灰岩风化土及冲积土中生长良好。我国华南有分布，属于国家二级重点保护野生植物。

图 5-52-1 喜树

A. 植株 B. 侧枝 C. 叶 D. 果枝

G53 柿树科 Ebenaceae

1. 柿树（朱果，猴枣）*Diospyros kaki*

【识别要点】落叶乔木。主干暗褐色，树皮呈长方形状深裂，不易剥落。小枝有褐色短柔毛，芽卵状扁三角形。单叶互生，椭圆状倒卵形，全缘，革质，背面及叶柄均有柔毛。花单性异株或杂性同株，雄花为聚伞花序，雌花单生，黄白色。浆果扁球形。9—10 月成熟时橙黄色或橘红色，萼宿存。

【习性、分布、用途】喜光，稍耐阴，原产于我国，南北均有栽培，果供食用。

图 5-53-1 柿树

A. 植株 B. 枝叶背面 C. 枝叶正面 D. 果枝

2. 罗浮柿 *Diospyros morrisiana*

【识别要点】常绿乔木或小乔木，树皮光滑不开裂，各部分无毛。枝灰褐色，冬芽圆锥状。叶薄革质，长椭圆形或下部的为卵形，叶柄短而光亮。果球形有宿存萼。花期 5—6 月，果期 11 月。

【习性、分布、用途】适生于山坡、山谷疏林或密林中，或灌丛中，或近溪畔、水边，我国各地均有分布。茎皮、叶、果入药，有解毒消炎之效。

图 5-53-2 罗浮柿

G54 八角枫科 Alangiaceae

八角枫 *Alangium chinensis*

【识别要点】落叶乔木或灌木，小枝略呈“之”字形，幼枝紫绿色。单叶互生，叶柄较长，淡黄色，叶纸质，近圆形或椭圆形，基部两侧常不对称，一侧微向下扩张，另一侧向上倾斜，近半心形，不分裂或3～9裂，裂片短锐尖或钝尖，叶上面深绿色，掌状脉。聚伞花序腋生。核果球形。

【习性、分布、用途】喜阴，生于疏林中，我国各地均有分布。可清热解毒。

图5-54-1 八角枫

A. 树形 B. 叶形

G55 人心果科（山榄科）Sapotaceae

1. 人心果 *Manilkara zapota*

【识别要点】常绿乔木，高6～20 m。枝褐色，有明显叶痕，体内具白色乳汁。叶宽椭圆形，侧脉纤细平行，于近缘处弯拱连结，仅于背面明显，中脉粗壮，于背面显著凸起。花两性，多朵簇生于叶腋内，花梗常被黄褐色茸毛。浆果椭球形、卵形，褐色，果肉黄褐色。种子黑色。

图 5-55-1 人心果

A. 树形 B. 花枝 C. 果枝 D. 果实

【习性、分布、用途】喜光，原产于热带美洲，现广植于全球热带。我国两广及云南有栽培，为南国造园之佳品，亦为庭园果树。果实可生食，味美如柿，又可制成饮料，树干流出的乳汁是制口香糖的原料。

2. 神秘果 *Synsepalum dulcificum*

【识别要点】乔木或灌木，有时具乳汁，幼枝被锈色茸毛。单叶互生，近对生或对生，有时密聚于枝顶，革质，全缘，羽状脉。托叶早落或无托叶。花单生，浆果红色。

【习性、分布、用途】性喜高温多湿，生长适温为 20～30℃，原产于西非，果实可以改变人的味觉，亦可食用。

图 5-55-2 神秘果

A. 枝叶 B. 果枝

3. 蛋黄果 *Lucuma nervosa*

【识别要点】多年生植物，树体高约 6 m。单叶互生，叶片纸质，狭椭圆形。花小白色，聚生于叶腋。果实球形，未熟时绿色，成熟果黄绿色至橙黄色，光滑，皮薄，果肉橙黄色。

【习性、分布、用途】性喜高温多湿，我国南部有栽培，果供食用，富含淀粉，质地似蛋黄且有香气，含水量少，味略甜。其味道口感介乎于番薯和榴莲之间。

图 5-55-3　蛋黄果

A. 树形　B. 枝叶　C. 花枝　D. 果实

4. 牛乳树 *Mimusops elengi*

【识别要点】常绿乔木，树干黑褐色，不开裂，枝叶有白色乳汁，枝灰褐色。单叶互生，叶柄扭曲，顶有灰色毛，叶阔卵形，叶缘波浪状向内卷曲，羽状脉，中脉明显。花极小，果卵球形，红褐色。

【习性、分布、用途】喜阴湿，生于山地灌木丛或疏林中，分布于浙江、江西、福建、广西、广东、云南等省区。树形优美，果可食用，喜光，叶色翠绿，终年不凋，花有幽香，具有耐盐、耐贫瘠、耐寒、抗风性及适应强碱等多种优良抗逆性，适用于庭园、道路绿化，可抗大气污染，对盐碱地有生态恢复作用。

图 5-55-4 牛乳树
A. 树干 B. 枝叶 C. 花枝 D. 果枝

G56 冬青科 Ilexaceae

乔木或灌木，多为常绿，叶富含纤维丝及冬青油，拉断有丝相连，以火烤之，叶片出现黑色弧圈。单叶互生，托叶小，早落。花小，单性异株或杂性，常簇生或成聚伞花序，生于叶腋，辐射对称，花萼 4～8 裂，常宿存，花瓣 4～8，分离或基部合生，无花盘，子房上位，1 至多室。浆果状核果。

约 3 属 400 种，分布极广，主产于中美洲及南美洲，我国 1 属约 200 种。

1. 铁冬青（救必应）*Ilex rotunda*

【识别要点】常绿乔木，树皮淡灰色，枝叶无毛，小枝红褐色，有棱，幼枝及叶柄均带紫黑色。叶卵形至倒卵状椭圆形，上有光泽，全缘，两面无毛，侧脉纤细，约 8 对，叶柄长 1～2 cm。花小，白色，为腋生的聚伞花序，雌雄异株。核果球形，熟时红色，顶端具宿存的柱头。

【习性、分布、用途】喜光，常生于湿润肥沃的疏林中或溪边。遍布长江流域以南各省。树形优美，白花绿叶红果，色彩丰富，为优美的庭园观果树种。叶及树皮均有清热、解湿、消肿止痛之效，树皮可提制栲胶。

图 5-56-1 铁冬青
A. 树形 B. 侧枝 C. 果枝

2. 苦丁茶（大叶冬青）*Ilex latifolia*

【识别要点】常绿高大乔木，高可达 30 m，树皮褐色不裂。单叶互生，2 列排列，叶大，长椭圆形，厚革质，叶缘有锯齿，叶柄呈紫红色，上有沟槽，羽状脉，侧脉明显，中脉突出。浆果状核果红色球形。

【习性、分布、用途】喜光，喜温暖湿润气候，分布于华南，幼叶味苦，是优良的保健饮料。

图 5-56-2 苦丁茶

A. 幼叶 B. 果枝

3. 龟甲冬青 *Ilex crenata*

【识别要点】常绿小灌木，多分枝，小枝有灰色细毛，叶小而密，叶面凸起、厚革质，椭圆形至长倒卵形。花白色，果球形，黑色。

【习性、分布、用途】喜光，稍耐阴，喜温湿气候，较耐寒，多分布于长江下游至华南、华东、华北部分地区，是常规的绿化苗木。

图 5-56-3 龟甲冬青

A. 树形 B. 叶正面 C. 叶背面

4. 枸骨（猫儿刺、鸟不宿、鸟不企）*Ilex cornuta*

【识别要点】常绿灌木或小乔木，分枝低而密。单叶互生，硬革质，矩圆形，上有光泽，有尖硬刺 3～7 枚，顶端的刺反曲，有时全缘。花小，单性异株，黄绿色，簇生于二年生小枝叶腋。核果球形，鲜红色。花期 4—5 月，9 月果熟。

【习性、分布、用途】喜石灰岩土，产于长江中下游各省。枝繁叶茂，叶形奇特，叶质坚而光亮，入秋后红果累累，鲜艳美丽，经冬不凋，是良好的观叶、观果树种。可作基调树种及岩石园材料，可植于花坛中，丛植于草坪角隅，或修剪成形对植于门庭、路口，又可作绿篱（刺篱），老桩可作盆景。

图 5-56-4　枸骨

A. 幼株　B. 果枝

G57 忍冬科 Loniceraceae

1. 金银花（忍冬）*Lonicera japonica*

【识别要点】半常绿缠绕藤本，小枝细长中空，有柔毛。单叶对生，卵形或椭圆状卵形，全缘，两面具柔毛。花成对腋生，由白变黄。浆果球形，熟时黑色。花期 5—7 月，果 10—11 月成熟。

【习性、分布、用途】喜湿热环境，我国广布，为色香兼备的好材料，秋叶常为紫红色，经冬不凋，故名忍冬。春夏开花，先白后黄，相映益彰。作垂直绿化，亦可扎成各种形状，老桩可作盆景。叶、花均可入药，亦为蜜源植物。

图 5-57-1 金银花

A. 植株 B. 枝叶 C. 花枝 D. 花

2. 荚迷（蝴蝶绣球、木绣球）*Viburnum dilatatum*

【识别要点】丛生直立落叶灌木，高 1～3 m，小枝幼时有星状毛，老枝红褐色。单叶对生，叶宽倒卵形至椭圆形，长 3～9 cm，边缘具尖锯齿，表面疏生柔毛。聚伞花序，花冠辐射状，花白色 5 裂，5—6 月开放。核果卵形。

【习性、分布、用途】温带植物，喜光，喜温暖湿润，也耐阴，耐寒，生长于山坡或山谷林中、林缘、灌丛，我国主要分布于华中地区。药用，园林用于绿篱、花丛。

图 5-57-2 荚迷

A. 枝叶 B. 花枝 C. 花序 D. 果序

3. 珊瑚树（山猪肉，法国冬青，橡皮冬青）*Viburnum odoratissimum*

【识别要点】常绿小乔木，枝有小瘤体。叶对生，革质，长椭圆形，全缘或上部有波状锯齿，表面深绿色有光泽，背面淡绿色。顶生圆锥状伞房花序，花小，白色，芳香。核果椭圆形，先红后黑，状似珊瑚，故名。6 月开花，10—11 月果熟。

【习性、分布、用途】喜温暖湿润和阳光充足环境，较耐寒，稍耐阴，在肥沃的中性土壤中生长最好。原产于中国，在印度、缅甸、泰国和越南有分布。珊瑚树耐火力较强，可作森林防火屏障，木材细软可做锄柄等。

图 5-57-3 珊瑚树

A. 树形 B. 枝叶 C. 花序 D. 果实

G58 木犀科 Oleaceae

常绿或落叶乔木或灌木，有时为藤本，枝条常灰白色。叶对生，很少为互生（素馨属），单叶或羽状复叶，无托叶。圆锥花序、聚伞花序或花簇生、顶生或腋生，花辐射对称，两性，花冠合瓣，4 裂，有时缺，雄蕊通常 2 枚，子房上位。果实为核果或翅果。

木犀科共 26 属 600 余种，广布于温带和热带地区，中国有 12 属约 176 种，南北各省均有分布。

1. 女贞 *Ligustrum lucidum*

【识别要点】常绿小乔木。单叶对生，卵状椭圆形至卵形，革质，光滑，全缘，叶面深绿光亮，背面浅绿色。圆锥花序顶生，白色。浆果状核果，熟时蓝黑色，被白粉。花期

6—7 月，果期 11—12 月。

【习性、分布、用途】喜光树种，广布于我国华南地区，用作抗污染树。

图 5-58-1 女贞

A. 树形 B. 枝 C. 花枝 D. 果序

2. 牛矢果 *Osmanthus matsumuranus*

【识别要点】乔木，小枝褐色，节部常红褐色，膨大。单叶对生，叶片纸质，倒披针形或倒卵状椭圆形，基部窄楔形，明显下延，叶缘有锯齿，腋生。圆锥花序短，花绿白色或浅黄绿色，芳香。果椭圆形，熟时紫黑色，基部萼片宿存。花期 4—6 月，果期 10—12 月。

【习性、分布、用途】耐阴植物，生于密林、沟谷等，产于我国安徽、浙江、江西、台湾、广东、广西、贵州、云南等，越南也有分布。现用作园林树种。

图 5-58-2 牛矢果

A. 树干 B. 树形 C. 幼苗 D. 叶形

3. 桂花（木犀，岩桂）*Osmanthus fragrans*

【识别要点】常绿灌木或小乔木，叶革质，椭圆形至椭圆状披针形，全缘或上半部疏生细锯齿（幼树之叶疏生锯齿，大树之叶近全缘）。花序聚伞状，簇生叶腋，花小，淡黄色至橙黄色，浓香。核果椭圆形，熟时紫黑色。花期 9—10 月，果翌年 4—5 月成熟。

【习性、分布、用途】喜光，原产于我国中南、西南地区，著名香花树种，常作园景树。在古典厅前多用二株对植，古称“双桂当庭”或“双桂留芳”；与牡丹、荷花、山茶等配植一起，象征“满堂富贵”。对有毒气体有一定抗性，可用于厂矿绿化。我国传统名花，树冠整齐，绿叶光润，中秋前后开花，香飘数里，因栽培历史悠久，产生了以下栽培品种：

图 5-58-3 桂花

A. 树形 B. 枝叶 C. 花枝 D. 果枝

（1）金桂：花金黄色，花极香，秋季至冬季开花。

（2）银桂：叶较小，花乳白色，秋季开花。

（3）丹桂：叶较小，花橙黄色，香味较浓，秋季开花。

（4）四季桂：灌木状，叶较小，花淡黄色，一年数次开花，香味较淡。

4. 美洲白蜡树 *Fraxinus amerixans*

【识别要点】常绿乔木，树皮片状剥落，在树干上留有斑块状花纹，小枝常灰白色。一回奇数羽状复叶，小叶5～7枚，叶轴有窄翅，与顶生小叶连结处有关节，小叶全缘，卵圆形，下面苍白色，叶柄长5～15 mm。圆锥花序生于二年生小枝上，花白色，细小，多而密，无花冠。翅果倒披针形，在树冠上密集排列。

【习性、分布、用途】喜光，温带树种，耐寒性强，喜肥沃的钙质或沙土壤，在酸性、中性及轻盐碱性土上均能生长，抗烟尘，耐修剪，萌芽力强。原产于北美，我国各地多引栽，干形通直，羽叶潇洒，是优良的绿荫树或行道树。

图5-58-4 美洲白蜡树

A. 树干 B. 树冠（果期） C. 枝叶 D. 果实

5. 山指甲（小叶女贞）*Ligustrum sinense*

【识别要点】半常绿灌木或小乔木，小枝、叶柄及叶背均密生茸毛。单叶对生，叶小，卵形，薄革质，幼时两面被短柔毛，老时中脉被毛。圆锥花序顶生，花序梗有毛，花小，白色。果球形黑色。

【习性、分布、用途】喜光树种，广泛分布于我国南部，为良好的绿篱树种。其栽培品种花叶山指甲，叶表面有花白色的斑纹。

图 5-58-5 山指甲

A. 树形 B. 枝叶 C. 花枝 D. 果枝

6. 尖叶木犀榄 *Olea ferruginea*

【识别要点】常绿灌木或小乔木，高 3～10 m，小枝纤细，褐色或灰色，近四棱形，无毛。单叶对生，叶片革质，狭卵状披针形，长 3～10 cm，宽 1～2 cm，先端渐尖，具长凸尖头，基部渐窄，叶缘稍反卷，下面密被锈色鳞片，中脉在上面凹入，下面凸起，侧脉多对，不甚明显，两面微凸起，在近叶缘处汇合成一直线。花序腋生，果宽椭圆形或近球形。

【习性、分布、用途】喜温湿，生于云南沟谷林中，四季常青，枝叶繁茂，树形美观，是一种很好的绿篱植物，常修剪成球状，几株成组栽植，也可列植、孤植或作盆栽。

图 5-58-5-1 花叶山指甲

图 5-58-6 尖叶木犀榄

G59 夹竹桃科 Apocynaceae

草本、灌木或乔木，枝叶多具白色乳汁或水液。单叶对生或轮生，稀互生，全缘，叶缘常有边脉，无托叶。花两性，整齐，通常 5 基数，花冠裂片旋转排列成漏斗状，常于喉部有毛或副花冠，雄蕊 5，生于花冠筒上，子房上位，心皮 2，合生或部分分离。浆果、核果或蓇葖果。

共 155 属 2 000 余种，分布于热带及亚热带；我国 46 属 176 种，主产于华南及西南区。

1. 倒吊笔 *Wrightia pubescens*

【识别要点】常绿乔木。高 8～20 m，胸径可达 60 cm，含乳汁。叶坚纸质，卵圆形或卵状长圆形。聚伞花序内面基部有腺体，花冠漏斗状，白色、浅黄色或粉红色，副花冠呈流苏状，雄蕊伸出花喉之外，花药箭头状，被短柔毛，子房由 2 枚黏生心皮组成，柱头卵形。花期 4—8 月，果期 8 月至翌年 2 月。

【习性、分布、用途】喜湿，广泛分布在南亚诸国及中国南部多省。其木材质地优异，适于家具、雕刻图章、乐器用材。树皮纤维可制人造棉及造纸。树形美观，庭园中作栽培观赏。其根和叶入药，可用于治疗颈淋巴结结核、风湿关节炎、腰腿痛、慢性支气管炎、黄疸型肝炎、肝硬化腹水，用于感冒发热等。

图 5-59-1 倒吊笔

A. 树形 B. 树冠 C. 枝叶 D. 花

2. 海芒果（黄金茄，中心荔，山杭果）*Cerbera manghas*

【识别要点】常绿乔木，含丰富白色乳汁，全株有毒。叶互生，大而长，集生于顶部。

聚伞花序顶生，花冠白色，中央粉红色，雄蕊着生花冠筒喉部。果红色，椭圆形或球形，内果皮木质或纤维质。花期 3—10 月，果期 7—12 月。

【习性、分布、用途】喜热，产于台湾、两广。果有剧毒，树皮、叶及乳汁可提制药物，作催吐、下泻之用；是一种良好的防潮树种。

图 5-59-2　海芒果

A. 树形　B. 侧枝　C. 花　D. 果实

3. 红鸡蛋花 *Plumeria rubra*

【识别要点】落叶乔木，叶肉质厚，全株有乳汁，枝粗壮，有叶痕。叶椭圆形，中脉粗壮，羽状脉，具明显的边脉。聚伞花序顶生，花粉红色。

【习性、分布、用途】喜热，原产于美洲热带，两广、云南有引栽，园景树。花及树皮药用，有清热、下痢、解毒、润肺、止咳定喘之效；鲜花含芳香油，作调制化妆品等用香精油。我国南部作观赏花卉栽培。

4. 鸡蛋花 *Plumeria rubra* var. *acutifolia*

【识别要点】落叶小乔木，高达 5 m，小枝肉质肥厚，全株有乳汁。叶互生，常聚生于枝顶，厚纸质，矩圆状椭圆形或矩圆状倒卵形，边脉明显，侧脉整齐。聚伞花序顶生，花冠白色黄心。蓇葖果双生，条状披针形。

【习性、分布、用途】喜温湿，原产于美洲热带，两广、云南有引栽，园景树。花及树皮药用，有清热、下痢、解毒、润肺、止咳定喘之效；鲜花含芳香油，作调制化妆品等用香精油。

图 5-59-3 红鸡蛋花

A. 树形 B. 花枝 C. 花（1） D. 花（2）

图 5-59-4 鸡蛋花

A. 树形 B. 树冠 C. 枝叶 D. 花

5. 夹竹桃（红花夹竹桃、柳叶桃）*Nerium indicum*

【识别要点】树高达 5 m，多分枝，小枝红褐色，嫩枝绿色。叶革质，3～4 枚轮生，在枝条下部常为对生，长条状披针形，上面光亮，中脉明显，侧脉细密而平行。聚伞花序顶生，花冠红色或白色，单瓣或重瓣，具芳香。蓇葖果长角状。

【习性、分布、用途】喜光，原产于印度、阿富汗、伊朗，我国江南有栽培，茎叶有毒。对多种有毒气体的抗性及吸收能力都很强，抗烟尘。萌芽力强，耐修剪。

变种：

（1）白花夹竹桃　花纯白色。

（2）重瓣夹竹桃　花红色，重瓣。

图 5-59-5　夹竹桃

A. 树形　B. 枝叶　C. 花枝　D. 花

6. 黄花夹竹桃（黄酒杯）*Thevetia peruviana*

【识别要点】小乔木，高达 5 m，具丰富乳汁。单叶互生，条形或条状披针形，无毛，上面光亮，侧脉不明显，有边脉。聚伞花序顶生，花冠漏斗状，黄色。核果扁三角状球形，肉质。

【习性、分布、用途】原产于美洲热带，华南有引栽，不耐寒。全株有剧毒。栽培变种红酒杯花，花橙红色。

图 5-59-6 黄花夹竹桃

A. 树形 B. 黄色花 C. 橙红色花 D. 果枝

7. 软枝黄蝉 *Allamanda cathartica*

【识别要点】藤状灌木，长达 4 m，枝条软，弯垂，有白色乳汁。叶 3～5 枚轮生或有时对生，矩圆形或倒卵状矩圆形，侧脉在下稍明显。花冠黄色，漏斗状，基部不膨大。蒴果球形，有刺。

【习性、分布、用途】阳性植物，原产于巴西，我国华南地区用作垂直绿化。

图 5-59-7 软枝黄蝉

A. 树形 B. 枝叶 C. 花枝 D. 花

8. 黄蝉 *Allemanda neriifolia*

【识别要点】直立灌木，具乳汁。叶 3～5 枚轮生，椭圆形或倒披针状矩圆形，被短柔毛。聚伞花序顶生，花黄色。蒴果球形，具长刺。

【习性、分布、用途】喜湿热，原产于巴西，我国南方有分布，常列植或丛植观赏。

图 5-59-8 黄蝉

A. 植株 B. 叶序 C. 花序 D. 果实

9. 狗牙花 *Ervatamia divaricata* cv. Gouyahua

【识别要点】灌木或小乔木，具白色乳汁。叶对生，椭圆形，叶面多皱。聚伞花序腋生，通常双生，集在小枝顶部成假二歧状，有花6～10朵，花白色重瓣，边缘有皱褶，状如狗牙。蓇葖果2，叉开或外弯。

【习性、分布、用途】阳性树，原产地是印度，我国华南常作绿篱或园景树。树姿整齐，花色素雅，为著名香花植物，因其花冠裂片边缘有皱纹，状如狗牙，故名“狗牙花”。

图 5-59-9 狗牙花

A. 植株 B. 叶序 C. 花枝

10. 糖胶树（面条树）*Winchia scholaris*

【识别要点】常绿乔木，高达25 m，大枝分层轮生，平展。叶3～10片轮生，倒披针形，边缘内卷，侧脉纤细密集平行，近横出至叶面连结，上面有光泽，下面淡绿色。聚伞花序顶生，有毛，花多，花冠白色。蓇葖果2枚离生，长20～57 cm。

华南地区栽培的与之相似的同属树种为盆架树（*Winchia rostrata*），其叶为3～4枚轮生，花序无毛，蓇葖果2枚合生。

【习性、分布、用途】喜光和高温多湿气候，对土壤要求不严，对SO_2、Cl_2有一定抗

图 5-59-10 糖胶树

A. 树形 B. 枝叶 C. 花枝 D. 果枝

性。产于海南及云南，现我国华南地区广为栽培。常用作庭园绿化美化，树干通直挺拔，叶色终年亮绿，夏季满树小白花，秋季细线形蓇葖果悬垂枝梢，别具一格，为优良的园林风景树、行道树。

11. 蕊木（假乌榄树）*Kopsia arborea*

【识别要点】乔木，高达 15 m，枝无毛。叶革质，卵状长圆形，长 8～22 cm，宽 4～8 cm，无毛，侧脉 10～18 对。花序顶生，苞片、花萼裂片两面被微毛，花冠白色，花冠筒长 2.5 cm，内面喉部被长柔毛，裂片长圆形，无毛，花盘匙形，比心皮长，子房被短柔毛，柱头棍棒状。核果近椭圆形，长 2.5 cm，种子 1～2 个。花期 4—6 月，果期 7—12 月。

图 5-59-11 蕊木

A. 植株 B. 侧枝 C. 花序 D. 果实

【习性、分布、用途】喜温暖湿润气候，生命力强，播种繁殖，产于我国广东，海南等地。树形优美，花色艳丽芳香，花果有毒，仅可作庭园树，观花、观果树。

G60 茜草科 Rubiaceae

木本或草本，无乳汁。单叶对生或轮生，托叶各式，对生。花两性，萼筒与子房壁结合，子房下位。蒴果、浆果或核果。

约 500 属 6 000 种，主产于热带亚热带，少数温带至寒带。我国约 75 属 477 种，产于东南至西南。著名的饮料植物咖啡及约用植物金鸡纳即为本科植物。

黄梁木（团花）*Neolamarckia cadamba*

【识别要点】常绿乔木，嫩枝四棱形。单叶互生，叶大，幼叶背面密被长柔毛，托叶披针形，两片合抱顶芽，脱落后留有环痕。头状花序，黄白色。坚果革质，聚为肉质球形。花期 6—9 月，果 10—12 月成熟。

【习性、分布、用途】喜湿热，生长快。产于广西和云南南部，东南亚至印度，斯里兰卡亦产；广东、福建等地先后引栽。速生，10 年左右即可成材。在 1972 年第七届世界林业会议上被誉为“奇迹树”，受到国内外的普遍重视。

图 5-60-1 黄梁木

A. 树干 B. 侧枝 C. 果枝 D. 果实

G61 紫草科 Boraginaceae

1. 厚壳树 *Ehretia thyrsiflora*

【识别要点】落叶乔木，高达 15 m，树干皮灰色纵裂。单叶互生，枝光滑，叶面粗糙，阔椭圆形，叶缘有锯齿。花两性，顶生或腋生圆锥花序，有疏毛，花小无柄，密集。核果，近球形，熟后黑褐色。

【习性、分布、用途】适应性强，生于海拔 100～1 700 m 丘陵、平原疏林、山坡灌丛及山谷密林，分布于中国、日本、越南。可作药用，亦可作观赏植物。

2. 福建茶 *Carmona microphylla*

【识别要点】常绿灌木，高可达 1～2 m，多分枝。叶在长枝上互生，在短枝上簇生，革质，倒卵形或匙状倒卵形，两面均粗糙，上面常有白色小斑点，叶缘有半锯齿。花白色。

【习性、分布、用途】生长力强，耐修剪，我国广泛栽培，为岭南派盆景的主要品种之一，也可配置庭园中观赏，广东、闽南一带常种植作绿篱。

图 5-61-1　厚壳树

A. 树形　B. 树干　C. 花序　D. 果枝　E. 盛花期景观

图 5-61-2 福建茶

A. 植株 B. 枝叶 C. 景观 D. 花枝

G62 玄参科 Scrophularicaeae

泡桐 *Paulownia fortunei*

【识别要点】落叶乔木，树皮粗糙，沟状纵裂，不脱落，枝灰白色。单叶对生，幼苗叶呈掌状 5 浅裂，有锯齿，叶柄长，老枝叶宽卵形，全缘，有星状毛，背面灰白色，叶基心形，顶渐尖。总状或少分枝的圆锥花序，花白色或淡紫色，花冠近唇形。蒴果纺锤形，有星状毛。花期 3—4 月，秋季果熟。

【习性、分布、用途】速生，适应性强，能吸附烟尘，抗有毒气体。主产于长江流域以南各地。为理想的“四旁”绿化树种。

图 5-62-1 泡桐

A. 树形 B. 侧枝 C. 盛花期景观 D. 花枝

G63 紫葳科 Bignoniaceae

木本，多为乔木或藤本。叶对生或轮生，单叶或复叶，无托叶。花两性，常大而美丽，左右对称，常排成圆锥花序，花萼钟形，上部平截或 5 齿裂，花冠合瓣，5 裂，二唇形，上唇 2 裂，下唇 3 裂，雄蕊生于花冠筒上，与花冠裂片互生，通常仅 4 或 2 枚发育，子房上位，2 心皮，2 室或 1 室，侧膜胎座。常为长形蒴果，种子扁平常有翅。

约 120 属 800 种，产于热带、亚热带，少数可分布至温带。我国 22 属 49 种，南北各省均有分布，大部分供观赏，有些木材很有用。本科植物大多数都具有鲜艳夺目、大而美丽的花朵，以及各式各样奇特的果实形状，在各国广泛栽培，为观赏、风景及行道树种，也有不少为热带遮阳藤架植物。

1. 叉叶木（十字架树）*Parmentiera alata*

【识别要点】常绿乔木，具长短枝。三出复叶，小叶倒卵形至倒卵状椭圆形，无柄，总叶柄两侧具宽翅，宛如一叶三分叉，故名。花单生于短枝叶腋，花冠二唇形，蓝紫色。蒴果球形。

【习性、分布、用途】阳性树种，原产于非洲，我国华南引栽，用于观叶，绿化公园草坪。

图 5-63-1　叉叶木

A. 树干　B. 枝叶　C. 花　D. 果实

2. 吊瓜树（羽叶垂花树）*Kigelia africana*

【识别要点】常绿乔木。树皮灰白色，不开裂。老枝灰白色，皮孔明显。一回奇数羽状复叶，叶轴亮绿，小叶对生，近无柄，厚革质。花常悬垂于枝上如吊灯。蒴果木质，较大悬垂，状如吊瓜。

【习性、分布、用途】喜光，生长慢，我国南部城市有栽培，为优良的园景树、绿荫树及行道树。

图 5-63-2 吊瓜树

A. 树形 B. 枝叶 C. 花 D. 果枝

3. 海南菜豆树 *Radermachera hainanensis*

【识别要点】常绿乔木。2～3 回奇数羽状复叶，各级羽片和小叶均对生，小叶卵形至椭圆形，全缘，上面有光泽，下面有时有黑色腺点。总状或少分枝的圆锥花序，花大，橙红色或橙黄色。蒴果长形，状如菜豆，故名。

【习性、分布、用途】喜光和高温多湿气候，喜肥沃土壤，抗风，抗大气污染。为海南特产，广州常作行道树及庭荫树。

图 5-63-3　海南菜豆树

A. 树形　B. 枝叶　C. 花　D. 果枝

4. 火焰木 *Spathodea campanulata*

【识别要点】常绿乔木，树皮粗糙，皮孔明显，枝叶有黄色茸毛。一回奇数羽状复叶，叶轴有纵沟，小叶对生，密生锈色茸毛，具假托叶，复叶对生。总状花序，花红似火，故名。

【习性、分布、用途】喜光和高温多湿气候，喜肥沃土壤，抗风，抗大气污染。华南常作行道树及庭荫树。

图 5-63-4　火焰木

A. 树形　B. 花　C. 果枝　D. 种子

5. 蓝花楹 *Jacaranda acutifolia*

【识别要点】落叶乔木。二回羽状复叶，羽片和小叶均对生，叶细卵形，顶有小尖头，顶生小叶较大，披针形，侧生小叶较小。花为顶生、小塔形的圆锥花序，蓝色。蒴果木质。花期夏季。

【习性、分布、用途】喜光和高温多湿气候，喜肥沃土壤。原产于巴西，我国华南引栽作行道树及庭荫树，为优美的观花树种。

图 5-63-5 蓝花楹

A. 树形 B. 侧枝 C. 花枝 D. 果枝

6. 猫尾木 *Dolichandrone cauda-felina*

【识别要点】常绿乔木。奇数羽状复叶，小叶对生，纸质，宽椭圆形，全缘，近无柄，在小枝上有退化的单叶而极似单叶。总状或少分枝的圆锥花序，花黄色。蒴果倒垂，状如猫尾。

【习性、分布、用途】喜温湿，要求排水良好，产于广东至云南南部。三类商品材，亦作庭园观赏。

图 5-63-6　猫尾木

A. 树形　B. 树干　C. 枝叶　D. 果实

7. 炮仗花 *Pyrostegia venusta*

【识别要点】木质藤本。三出复叶，小叶卵形，顶生小叶常退化成先端三裂的卷须。圆锥花序下垂，橙红色，于春节期间开放，状如悬垂炮仗，故名炮仗花。

【习性、分布、用途】喜光，不耐寒，喜湿润气候。原产于巴西，华南引栽，作垂直绿化。

图 5-63-7　炮仗花

A. 植株　B. 枝叶　C. 花序

8. 千张纸（木蝴蝶）*Oroxylum indicum*

【识别要点】常绿乔木。3～5 回奇数羽状复叶，各级羽片与小叶均对生，小叶宽椭圆形至圆形，上面皱。总状或少分枝的圆锥花序，花橙红色，具恶臭。蒴果扁平，带状。种子薄而扁平，周围有薄翅，状如蝴蝶，种翅如薄纸多层堆叠，故名千张纸或木蝴蝶。

【习性、分布、用途】喜湿热气候，产于华南。秋叶变紫，为秋色叶树之一，花色艳但味臭，宜远离住宅。种子入药，为消炎镇痛药，又可治支气管炎、胃及十二指肠溃疡等。

9. 黄花风铃木 *Handroanthus chrysanthus*

【识别要点】落叶乔木，树皮有裂纹，掌状复叶对生，小叶 5 枚，卵状椭圆形，全叶被褐色细茸毛，先端尖，叶面粗糙。圆锥花序，顶生，花两性，萼筒管状，花冠金黄色，漏斗形，果实为蓇葖果，种子具翅。春季 3—4 月开花，先花后叶。

【习性、分布、用途】性喜高温，原产于墨西哥、中美洲、南美洲，1997 年前中国自南美巴拉圭引进栽种。随着四季变化而产生不同的景观效果，作园林绿化观赏。

图 5-63-8 千张纸

A. 植株 B. 枝叶 C. 果枝

图 5-63-9 黄花风铃木

A. 植株 B. 枝叶 C. 花 D. 果实

10. 紫绣球 *Tabebuia rosea*

【识别要点】落叶乔木，高可达 10～20 m，树皮有纵裂纹。掌状复叶对生。伞房花序顶生，花大而多，花冠初时紫红色，漏斗状，被短茸毛，衰老时变成粉红色至近白色。

【习性、分布、用途】喜湿热，原产于墨西哥、古巴和中美洲等地。现在热带地区广泛种植，但在中国仅有极少量引种栽培。由于花色和树形优美，是园林观赏树种中的上品，可在公园、庭园、风景区的草坪、水塘边或主干道路旁作蔽荫树或行道树，适宜孤植或列植观赏。

图 5-63-10 紫绣球

A. 植株 B. 复叶

G64 马鞭草科 Verbenaceae

木本或草本，小枝常四棱。单叶或掌状复叶，少羽状复叶，对生，少互生或轮生，无托叶。花两性，圆锥花序或头状花序，两侧对称，花萼宿存，杯状，4～5 裂，花冠近唇形，二强雄蕊，着生于花冠的上部或基部，子房上位，通常由 2 心皮组成，子房上位，每室 1～2 胚珠。核果或浆果。

约 80 属 3 000 余种，产于热带至亚热带地区。我国 27 属 175 种，主产于长江以南各地。

1. 柚木 *Tectona grandis*

【识别要点】落叶大乔木，树干通直，沟状纵裂，树皮不脱落，小枝四棱，幼嫩部分被星状毛，有沟槽。单叶对生，叶大，宽卵形至倒卵状椭圆形，上面粗糙，下面密生黄棕色毛，叶柄较粗壮。圆锥花序顶生，花有香气，花小，白色，仅少数结果，花萼果时扩大宿存，雄蕊着生于花冠筒内，子房上位，4 室，花柱线形。核果纺锤形，密被茸毛，完全为宿萼所包藏，萼膜质，有棱角和网脉。

【习性、分布、用途】喜光，喜温暖湿润气候，喜肥沃湿润排水良好的土地，播种繁殖。原产于印度和缅甸，我国台湾、两广、云南等省区的南部有栽培。特类商品材，为世界著名用材，树姿婆娑，树体通直，是庭园绿化的名贵树种，宜作行道树或“四旁”绿化，列植或群植。

图 5-64-1 柚木

A. 树干 B. 树形 C. 叶序 D. 果枝

图 5-64-2 山牡荆

A. 树形 B. 幼叶 C. 侧枝 D. 花枝

2. 山牡荆 *Vitex quinata*

【识别要点】常绿小乔木，树冠广圆形，树干与老枝灰白色。一回掌状复叶，小叶黄绿色，嫩叶常淡红色，椭圆形，顶渐尖。圆锥花序，花小。

【习性、分布、用途】喜温热，我国台湾、两广、云南等省区的南部有栽培。主要用作园景树。

3. 海南石梓 *Gmelina hainanensis*

【识别要点】落叶乔木，树高达 20 m，胸径 40～50 cm，树皮灰褐色，粗糙，片状剥落，枝具明显的皮孔。单叶对生，叶宽卵状椭圆形，掌状脉，主脉 5 条，叶背灰白色，全缘。花白色，圆锥花序，蒴果。

【习性、分布、用途】适生于热带地区，主产于海南，仅偶见于尖峰岭、坝王岭等林区。用材树种。木材纹理通直，结构细致，材质韧而稍硬，干后少开裂、不变形，很耐腐，适于造船、建筑、家具等用。

图 5-64-3　海南石梓

A. 树形　B. 侧枝　C. 叶背　D. 花枝

4. 假连翘 *Duranta erecta*

【识别要点】灌木或小乔木，小枝弯拱下垂，有刺或无刺，嫩枝有毛。叶多数对生，偶有轮生，有短柄，叶片倒卵状椭圆形或倒卵形，边缘半锯齿。总状花序顶生或腋生，蓝色或淡蓝紫色。浆果状核果，熟时橘黄色，有光泽。

【习性、分布、用途】喜光，原产于美洲，华南城市引栽作绿篱。其品种为花叶假连翘，叶缘花白色，常用作绿篱。

图 5-64-4 假连翘

A. 树形 B. 枝叶 C. 花枝 D. 果枝

5. 黄金叶 *Duranta erecta* cv. Gold

【识别要点】常绿灌木，有刺，叶面金黄色，具半锯齿。为假连翘的栽培品种。

【习性、分布、用途】喜光，分布于热带，我国南方广泛栽培，常作绿篱植物。

图 5-64-5　黄金叶

A. 景观（1） B. 景观（2） C. 枝叶 D. 幼枝

6. 冬红 *Holmskioldia sanguinea*

【识别要点】常绿灌木，高常 3～7 m。叶对生，卵形或宽卵形，膜质，两面有疏毛及腺点。聚伞花序 2～6 组成圆锥花序状，花萼辐射状平展，径约 3 cm，朱红或橙红，花冠自萼中伸出，约 2.5 cm，略弯，檐部偏斜，5 浅裂，朱红色。核果倒卵形。

【习性、分布、用途】喜光，产于喜马拉雅，华南城市有引栽。冬季开花，红艳美丽，可打破冬季寂寞萧条之感，为优美的观花灌木。

图 5-64-6　冬红

A. 植株 B. 花枝 C. 花 D. 景观

7. 烟火树 *Clerodendrum quadriloculare*

【识别要点】常绿灌木，幼枝方形，墨绿色。叶对生，长椭圆形，先端尖，全缘或锯齿状波状缘，叶背暗紫红色。花顶生，小花多数，白色5裂，外卷成半圆形。果实椭圆形。

【习性、分布、用途】性喜温暖气候，产于太平洋岛等地，除观赏价值极高外，它的根还具有疏肝理气、益肾填精、养胃和中、补血调经等功效，主治肝气不舒。

图5-64-7 烟火树

A. 枝叶 B. 花枝

任务2 单子叶植物纲 Monocotyledoneae

多为须根系，茎内维管束散生，无形成层，一般无增粗生长，叶脉通常平行脉。花通常3基数。种子的胚常具子叶1片。

共65科约5万种，我国47科4 000余种。其中较有观赏价值的木本树种主要为棕榈科和竹类植物。

G65 棕榈科 Palmae

常绿乔木或灌木，少藤本，树干直立，不分枝，常有环状的叶鞘痕或宿存的叶基，树冠“棕榈型”。叶大型，单叶，掌状或羽状开裂，多集生于树干顶部，叶鞘常具纤维。肉穗花序再分枝呈圆锥花序，有时具1至数个佛焰苞。花小，两性或单性，花被片常6，2轮，萼片较小，雄蕊6至多数，花丝短，子房上位，1～3室，每室1胚珠。浆果、核果或坚果，具宿存花被。

约230属2 640余种，广布热带及亚热带地区，以美洲及亚洲热带为其分布中心。我国2属约70种，另引入16属约23种，主产于西南和东南部，以云南、两广、海南、台湾等省为多。

本科多为特用经济树种，有纤维、油料、淀粉、药用、饮料、用材等植物，树形幽雅，具热带特色，供园林绿化观赏。

1. 大王椰子（王棕）*Roystonea regia*

【识别要点】常绿乔木，单干直立，干面平滑，上具明显叶痕环纹，茎基部伸展有大量的不定根，幼株树干基部膨大，成株树干中央膨大。叶羽状全裂，长可达 3～4 m，叶裂片披针形，排成 4 列，叶鞘绿色，环抱茎顶。肉穗花序，花乳白色。浆果。

【习性、分布、用途】适应热带气候，原产于古巴、牙买加、巴拿马，现被广泛种植于热带、亚带热地区作观赏之用。

图 5-65-1　大王椰子

A. 树干　B. 树冠　C. 花序　D. 果枝

2. 假槟榔 *Archontophoenix alexandrae*

【识别要点】常绿乔木，高达 20～30 m，干幼时绿色，老则灰白色，光滑而有梯形环纹，基部略膨大。叶羽状全裂，簇生干端，长达 2～3 m，叶裂片排成 2 列，条状披针形，长 30～35 cm，宽约 5 cm，背面有灰白色鳞秕状覆被物，侧脉及中脉明显，叶鞘筒状包干，绿色光滑。花单性同株，花序生于叶丛之下。果卵球形，红色美丽。

【习性、分布、用途】喜光，喜高温多湿气候，不耐寒。原产于澳大利亚。华南城市常栽作庭园风景树或行道树。

3. 蒲葵 *Livistona chinensis*

【识别要点】常绿乔木，高 5～20 m，直径 20～30 cm，基部常膨大。叶阔扇形，掌状深裂至中部，裂片线状披针形，基部宽 4～4.5 cm，顶部长渐尖，2 深裂成长达 50 cm 的丝状下垂的小裂片，两面绿色，叶柄长 1～2 m，下部两侧有黄绿色或淡褐色下弯的短刺。肉穗花序圆锥状，具佛焰苞。浆果椭球形。

【习性、分布、用途】喜温暖湿润的气候条件，不耐旱，能耐短期水涝，不宜烈日暴

图 5-65-2 假槟榔

A. 树形 B. 树干 C. 花序 D. 果枝

图 5-65-3 蒲葵

A. 树形 B. 叶柄 C. 花序 D. 果枝

晒。在肥沃、湿润、有机质丰富的土壤里生长良好。主产于我国南部，华南特别是新会较多，庭园观赏植物和良好的“四旁”绿化树种，也是一种经济林树种。可用其嫩叶编制葵扇，老叶制蓑衣等，叶裂片的肋脉可制牙签，果实及根入药。

4. 鱼尾葵 *Caryota ochlandra*

【识别要点】乔木状，高 10～15 m，直径 15～35 cm，茎绿色，被白色的毡状茸毛，具环状叶痕，茎干直立不分枝。叶大型，二回羽状全裂，叶片厚，革质，大而粗壮，上部有不规则齿状缺刻，先端下垂，酷似鱼尾。肉穗花序下垂，长的可达 3 m，小花黄色。果球型，成熟后紫红色。

【习性、分布、用途】适生于海拔 450～700 m 的山坡或沟谷林中，产于中国福建、广东、海南、广西、云南等省区。树形美丽，可作庭园绿化植物，茎髓含淀粉，可作桄榔粉的代用品。

图 5-65-4　鱼尾葵

A. 树形（花序） B. 树干　C. 叶

5. 短穗鱼尾葵 *Caryota mitis*

【识别要点】常绿丛生小乔木，高 5～8 m。茎绿色，环痕明显，具黑色叶鞘纤维。二回羽状全裂，长 3～4 m，下部羽片小于上部羽片，裂片楔形或斜楔形，边缘有不规则的齿缺。肉穗花序短，下垂，花瓣狭长圆形，淡绿色。果球形，成熟时紫红色。

【习性、分布、用途】喜阴湿环境，适生于山谷密林中。产于海南、广西等省区。茎的髓心含淀粉，可供食用，花序液汁含糖分，供制糖或酿酒。树形美观，适于庭园栽培，供观赏。

图 5-65-5 短穗鱼尾葵

A. 树形 B. 叶裂 C. 花序 D. 果序

6. 三药槟榔 *Areca triandra*

【识别要点】丛生常绿小乔木。树干有环状叶痕或有灰白色环斑，光滑似竹。叶鞘绿色，紧包着茎干，茎顶有短鞘形成的绿色的茎冠。叶羽状分裂，叶裂片宽，长披针形。花白色，有香气。果球形。

【习性、分布、用途】喜温暖、湿润和背风、半荫蔽的环境。不耐寒，小苗期易受冻害，耐阴性很强，分布于广东，海南、中南半岛。茎干形似翠竹，色彩青绿，姿态幽雅，是庭园、别墅绿化美化的珍贵树种，更是会议室、展厅、宾馆、酒店等豪华建筑物厅堂装饰的主要观叶植物，适于庭园中半荫处作园景树，为上等的庭园绿化树种。

图 5-65-6 三药槟榔

A. 植株 B. 果序

7. 软叶刺葵（软枝刺葵、美丽针葵）*Phoenix roebelenii*

【识别要点】茎单生，高 1～3 m，稀更高，直径达 10 cm，具宿存的三角状叶柄基部。叶长 1～1.5 m，羽片线形，较柔软，长 20～30（～40）cm，两面深绿色，背面沿叶脉被灰白色的糠秕状鳞秕，呈 2 列排列，下部羽片变成细长软刺。

【习性、分布、用途】适生于多湿环境，常见于江岸边、海拔 480～900 m 处山地。原产于印度和中南半岛及中国西双版纳等地，现分布于云南、广东、广西等省区。为人们喜爱的室内观叶植物。

图 5-65-7　软叶刺葵

A. 树形　B. 花序　C. 果序

8. 华盛顿葵（丝葵，老人葵）*Washingtonia filifera*

【识别要点】高可达 10～25 m，近基部略膨大。叶掌状中裂，圆扇形；裂片边缘具多数白色丝状纤维，先端下垂。叶柄略具锐刺。

【习性、分布、用途】性喜温暖，能耐 −10℃左右的低温。喜光，亦能耐阴，抗风抗旱力均很强，喜湿润、肥沃的黏性土壤，也能耐一定的咸潮，能在沿海地区生长良好。原产于美国及墨西哥等地，1998 年开始引入我国种植，现我国长江以南地区均有种植，以广东种植最多。宜孤植于庭园之中观赏或列植于大型建筑物前、池塘边以及道路两旁，一派热带风光，十分诱人。是目前在华南、华东地区最受欢迎的树种之一。因其树干上的枯叶酷似草裙，故也称为“草裙树”，又因其叶裂片间一缕缕白色丝状纤维，仿似老翁的白发，故也有“丝葵”和“老人葵”之称。

图 5-65-8 华盛顿葵

A. 树形 B. 叶裂 C. 果序

9. 棕竹（观音竹、筋头竹、棕榈竹、矮棕竹）*Rhapis excelsa*

【识别要点】常绿丛生灌木，高 2～3 m，茎干直立圆柱形，有节，纤细，不分枝，上部被淡黑色粗糙而硬的网状纤维的叶鞘。叶集生于茎顶，掌状深裂，裂片 4～10 片，叶脉放射状，2～5 条，叶裂片宽线形或线状椭圆形，先端宽，边缘及顶端具稍锐利的锯齿，叶柄细长，8～20 cm，两面凸起，边缘微粗糙。肉穗花序黄色，果球形。

【习性、分布、用途】喜温暖湿润及通风良好的半阴环境，不耐积水，极耐阴，畏烈日。常繁殖生长在山坡、沟旁荫蔽潮湿的灌木丛中。分布于东南亚、中国南部至西南部，日本亦有分布。园林观赏植物。

图 5-65-9 棕竹

A. 植株 B. 茎干 C. 叶裂 D. 花序

10. 细叶棕竹 *Rhapis humilis*

【识别要点】常绿灌木，茎细如竹，多数聚生，有网状叶鞘。叶半圆形，掌状深裂，裂片狭长，阔线形，软垂，裂片 7～20 枚，叶柄无刺。

【习性、分布、用途】喜温暖、阴湿及通风良好的环境，不耐寒。宜排水良好富含腐殖质的沙壤土。分蘖繁殖。盆栽价值高。原产于东南亚，我国华南盆栽观赏。

图 5-65-10 细叶棕竹

A. 植株 B. 叶裂

11. 细棕竹 *Rhapis gracilis*

【识别要点】丛生灌木，高 1～1.5 m，茎圆柱形，有节。叶掌状深裂，裂片 2～4 枚，裂片长圆状披针形，具 3～4 条肋脉，叶缘具粗糙的细锯齿，叶柄细，上面扁平，背面稍圆，叶鞘被褐色、网状的细纤维。

【习性、分布、用途】喜湿润环境，产于中国广东西部、海南及广西南部。树形矮小优美，可作庭园绿化材料。

图 5-65-11 细棕竹

A. 盆栽 B. 植株

12. 银海枣 *Phoenix sylvestris*

【识别要点】株高 10～16 m，胸径 30～33 cm，茎具宿存的叶柄基部。叶长 3～5 m，羽状全裂，灰绿色，无毛，裂片剑形，下部裂片针刺状，叶柄较短，叶鞘具纤维。

【习性、分布、用途】性喜高温湿润环境，喜光照，有较强抗旱力。生长适温为 20～28℃，冬季低于 0℃易受害。原产于中东，我国主产于华南。株形优美，树冠半圆丛出，叶色银灰，孤植于水边、草坪作景观树，观赏效果极佳。

图 5-65-12 银海枣

A. 景观 B. 树形 C. 针刺 D. 果枝

13. 散尾葵 *Chrysalidocarpus lutescens*

【识别要点】丛生灌木，高 7～8 m，树干光滑有少分枝，黄绿色，嫩时被蜡粉，环状鞘痕明显。叶羽状全裂，叶鞘圆筒状，包茎。肉穗花序大型，果球形。

【习性、分布、用途】喜阴湿，我国南部栽培，枝叶茂密，四季常青，株形优美，适合在庭园中丛植或盆栽。

图 5-65-13 散尾葵

A. 树形 B. 叶 C. 花序 D. 果枝

14. 省藤 *Calamus platyacanthoides*

【识别要点】常绿大藤本，枝有刺。茎初时直立，后攀缘状。叶羽状全裂，长 2～3 m，叶轴顶端延伸成具爪状具刺的细鞭，裂片近对生，条状披针形，先端渐尖，叶轴背面有大小不等下弯或劲直的刺，叶鞘有扁平的刺。肉穗花序具佛焰苞。果球形。

图 5-65-14 省藤

A. 枝条 B. 果实

【习性、分布、用途】性喜温暖湿润的气候，较耐阴，较耐寒，生长适温为20～26℃，喜疏松肥沃排水良好的沙质壤土，泛热带分布，我国主要分布于云南、海南、广西、广东、福建、台湾等地，为热带植被典型代表之一，除提供观赏热带风光外，还有多种经济用途。

15. 棕榈（棕树、山棕）*Trachycarpus fortunei*

【识别要点】常绿乔木，高可达7 m，树干具残存老叶柄及密被网状纤维叶鞘。叶掌状分裂，圆扇形，裂深度超过叶的中部，硬挺不下垂，叶柄两侧具细圆齿。花序粗壮，雌雄异株，花黄绿色，卵球形。果实阔肾形。

【习性、分布、用途】喜温暖湿润气候、排水良好的石灰土，原产于中国，日本、印度、缅甸也有。常栽于庭园、路边及花坛之中，树势挺拔，叶色葱茏，适于四季观赏。

16. 董棕 *Caryota urans*

【识别要点】本种的外形似鱼尾葵，但叶色黄绿，裂片先端较圆以及树干基部膨大而区别之。

【习性、分布、用途】喜热带气候，泛热带分布，常生于海拔370～2 450 m的石灰岩山地或沟谷林中，我国华南有栽培，茎干粗大挺直，叶片大，状如孔雀尾羽，树姿雄伟壮观。宜作行道树及园景树。

图5-65-15 棕榈

图5-65-16 董棕

17. 皇后葵（金山葵）*Syagrus romanzoffiana*

【识别要点】常绿乔木，茎干单生，常有叶痕，茎顶无绿色的鞘状茎冠。叶羽状全裂，裂片多数，每3～5枚聚于叶轴两侧，先端2浅裂，中脉明显。花单性同株，肉穗花序，果黄色。

【习性、分布、用途】喜温暖、湿润、向阳和通风的环境，原产于巴西，现广植于热带亚热带地区，我国广州有栽培，作庭园树、行道树。

18. 油棕 *Elaeis guineensis*

【识别要点】常绿乔木，茎直立，不分枝，具宿存的叶柄痕。叶片羽状全裂，簇生于茎顶，长3～4.5 m，羽片外向折叠，线状披针形，下部的退化成针刺状，叶柄较宽。肉穗花序，雌雄同株异序，核果。

图 5-65-17　皇后葵

A. 景观　B. 树形　C. 花序　D. 果枝

图 5-65-18　油棕

A. 景观　B. 树形　C. 树干　D. 叶

【习性、分布、用途】喜高温、湿润、强光照环境和肥沃的土壤，原产于非洲，主要分布于海南、云南、广东、广西。果肉、果仁含油丰富，有“世界油王”之称，用棕仁榨的油叫棕油。

19. 狐尾棕（狐尾椰子）*Wodyetia bifurcata*

【识别要点】常绿乔木，茎干单生，茎部光滑，有叶痕，略似酒瓶状，高可达 12～15 m。叶色亮绿，簇生茎顶，羽状全裂，长 2～3 m，裂片披针形，轮生于叶轴上，形似狐尾而得名。

【习性、分布、用途】性喜温暖湿润、光照充足的生长环境，耐寒，耐旱，抗风。生长适温为 20～28℃，冬季不低于 −5℃均可安全过冬。原产于澳大利亚，我国华南引栽。植物高大挺拔，形态优美，树冠如伞，浓荫遍地，耐寒耐旱，适应性广，迅速成为热带、亚热带地区最受欢迎的园林植物之一。适列植于池旁、路边、楼前（后），也可数株群植于庭园之中或草坪一隅，观赏效果极佳。

图 5-65-19 狐尾棕

A. 景观 B. 树形 C. 花序 D. 果序

20. 三角椰子 *Neodypsis decaryi*

【识别要点】常绿乔木，高达 15 m，叶羽状全裂，裂片长约 2.5 m，在近树干部分向上弯曲，叶子基部在 3 个部分长出，三角状排列，叶鞘残存，包被树干，其排列之横切面呈三角形，故得此名。花着生于叶下，黄色或绿色。果黑色圆形。全年开花，色彩鲜艳。

【习性、分布、用途】性喜高温、湿润、阳光充足的环境，怕寒冷，耐盐碱，生长慢，原产于马达加斯加，我国华南引栽作园林观赏。

21. 酒瓶椰子 *Hyophorbe lagenicaulis*

【识别要点】常绿小乔木，树干平滑，酒瓶状，中部以下膨大，近顶部渐狭呈长颈状。叶聚生于干顶，羽状叶拱形、旋转，于基部侧向扭转而使羽片的叶面和叶轴所在的平面成45°，有时羽片和叶柄边缘略带红色。

【习性、分布、用途】性喜高温、湿润、阳光充足的环境，怕寒冷，耐盐碱，生长慢，原产于马达加斯加，我国华南引栽作园林观赏。

图 5-65-20 三角椰子

图 5-65-21 酒瓶椰子

22. 国王椰子 *Ravenea rivularis*

【识别要点】常绿乔木，单干，高可达 15 m。树干直径 20 cm，表面光滑，密布叶鞘脱落后留下的轮纹。叶羽状全裂，裂片线型，排列整齐呈左右 2 列。

【习性、分布、用途】性喜光照充足、水分充足的生长环境，原产于马达加斯加，在中国则主要分布在广东、海南等地。树形优美，茎部光洁，叶片翠绿，排列整齐，叶受风面小，茎干纤维柔韧，抗风性强，且耐移栽。

图 5-65-22 国王椰子

A. 树形 B. 叶形

23. 袖珍椰子 *Chamaedorea elegans*

【识别要点】常绿小灌木，高达 1 m。茎干直立，不分枝，深绿色，上具不规则花纹。

叶生于干顶，羽状全裂，裂片披针形，互生，深绿色，有光泽，平展整齐呈 2 列。肉穗花序腋生，花单性同株，黄色，呈小球状，浆果橙黄色。

【习性、分布、用途】喜温暖、湿润和半阴的环境，主要分布于热带地区，盆栽布置客厅。

图 5-65-23　袖珍椰子

A. 植株　B. 叶　C. 花序　D. 果序

24. 冻子椰子 *Butia capitata*

【识别要点】株高 7～8 m，茎干灰色、粗壮、平滑，但有老叶痕。叶羽状，长约 2 m，叶柄明显弯曲下垂，叶柄具刺，叶片灰绿色，具白粉。花序由下层的叶腋逐渐往上层叶腋生长。果实椭圆形，长 2.5 cm，黄至红色，肉甜，种子具 3 个芽孔。

【习性、分布、用途】耐寒冷，能抗 −20℃低温，广泛分布于热带、亚热带及温带地区，作园林绿化、盆栽，其果实可食，在原产地常将其加工成果冻食用。

图 5-65-24　冻子椰子

A. 植株　B. 树干　C. 叶柄　D. 果序

25. 砂糖椰子（桄榔、糖棕、产糖树）*Arenga pinnata*

【识别要点】常绿乔木，树干具残存的叶柄基部，叶鞘纤维黑色，叶羽状全裂，裂片背面苍白色，基部两侧成不对称的耳垂状。

【习性、分布、用途】喜温暖、湿润和背风向的环境，不耐寒，我国主产于海南、广西及云南西部至东南部、福建、台湾等地，花序轴乳汁可提取砂糖。

图 5-65-25　砂糖椰子

A. 植株　B. 叶裂　C. 果序

26. 椰子 *Cocos nucifera*

【识别要点】常绿乔木，高 15～30 m，茎粗壮，有环状叶痕，基部增粗，常有簇生小根，树干常倾斜或稍弯曲。叶羽状全裂，裂片披针形，排成 2 列，基部明显向外折叠，叶柄粗壮，有沟槽。花序腋生。核果卵球状或近球形，果腔含有胚乳（即“果肉”或种仁）、胚和汁液（椰子水）。花果期主要在秋季。

【习性、分布、用途】适宜在低海拔地区生长，其中最适宜生长的土壤是海洋冲积土和河岸冲积土。原产于亚洲东南部、印度尼西亚至太平洋群岛，中国广东南部诸岛及雷州半岛、海南、台湾及云南南部热带地区均有栽培。椰子全身是宝，故有“宝树”之称。中果皮称椰棕可制作床垫，内果皮称椰壳可作盛具，果汁可作饮料。

图 5-65-26 椰子

A. 植株 B. 叶柄 C. 花序 D. 果实（去除外果皮）

G66 禾本科 Gramineae

草本，稀木本，地上茎（秆）常圆形，有明显的节和节间，节间常中空，有横隔。叶互生，排成 2 列，叶柄鞘状抱茎，叶鞘开口，常具叶耳、叶片、叶鞘、叶舌四部分，叶条形或带形，中脉发达，侧脉与中脉平行。穗状、总状或圆锥花序，由小穗组成，小穗基部具 2 至数枚颖片。花两性，花的苞片特化为内稃、外稃鳞片，外稃具芒，花被特化为 2～3 浆片，亦称为鳞被，雄蕊 3 或 6，子房上位，1 室，柱头羽毛状。颖果。

共 660 属近 1 万种，全球分布，我国 225 属 1 500 余种以上，许多重要的经济作物如粮食作物水稻、小麦、大麦、玉米高粱、甘蔗均为本科植物。

竹亚科 Bambusoideae

乔木状、灌木状，藤本或草本，地下茎又称竹鞭，常分为合轴型和单轴型，在单轴和合轴之间又有过渡类型，通常将竹亚科植物的地下茎分为 4 种类型。竹鞭的节有芽，不出土的芽可长成新的竹鞭，芽长大出土便称为竹笋，笋上的变态叶称为竹箨，也称为秆箨，由箨鞘、箨叶、箨舌和箨耳组成。

（1）地下茎（称秆柄或竹鞭）类型　①合轴丛生：地下秆柄极短，地上竹秆密集成丛。②合轴散生：地下茎延长成横走细长的竹鞭，其上有节，节上无芽无根，地上竹秆密集成丛。③单轴散生：地下茎延长成横走细长的竹鞭，其上有节，节上有芽根，芽可发育成一新竹秆，也可发育成一新的竹鞭，地上竹秆散生。④复轴混生：是合轴丛生与单轴散生二者的混合。见图 5-66-1。

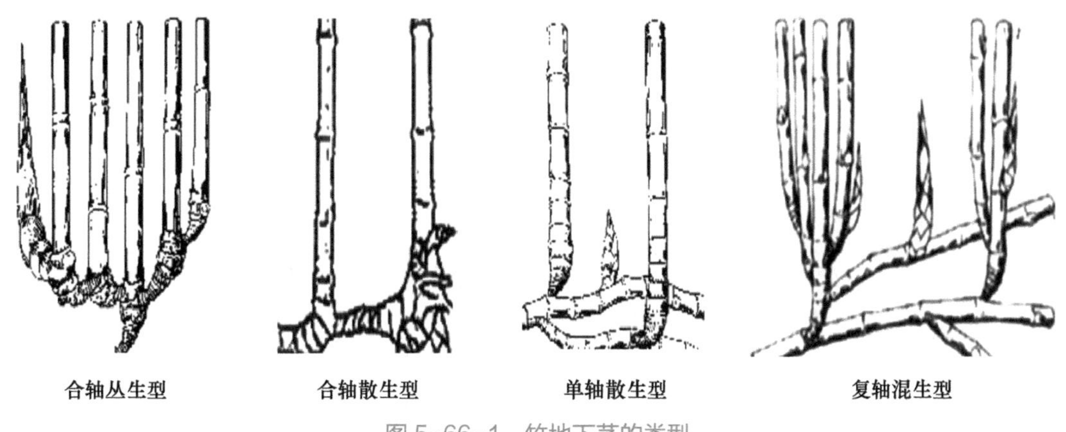

图 5-66-1　竹地下茎的类型

（2）地上茎（竹秆）　有节，节上具二环，上环称秆环，下环称箨环，两环之间称节内，两节之间称节间，节内有隔板，节间中空。见图 5-66-2。

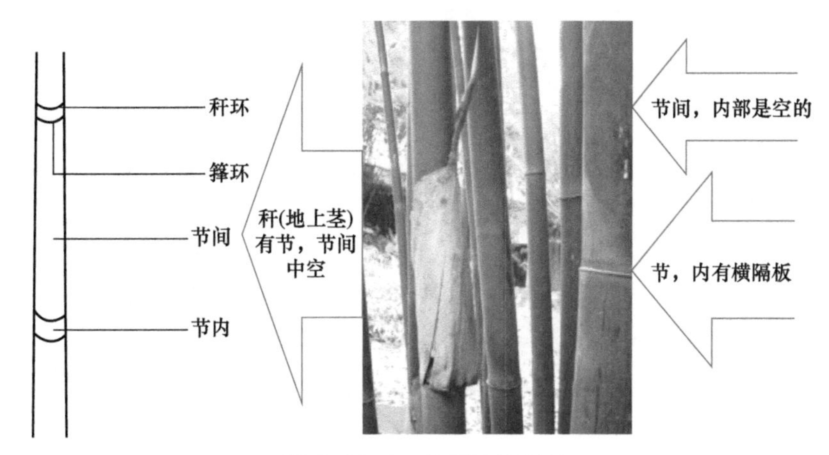

图 5-66-2　竹秆的结构图

图 5-66-3 秆箨的结构

（3）秆箨 即竹子的原生叶，由箨鞘、箨耳、箨舌、箨叶（片）4 部分组成。见图 5-66-3。

（4）叶 枝上所生的叶即次生叶，由叶鞘、叶耳、叶舌（外叶舌与内叶舌）、叶柄和叶片 5 部分组成。

91 属约 850 种，广布于各大洲，我国竹类 23 属约 350 种，自然分布限于长江流域及其以南各省区，一般山区和偏北地区以散生竹为主，偏南的平原地区以丛生竹为主，竹类四季常青，在中国园林绿化中占有重要地位。

1. 大眼竹 *Bambusa eutuldoides*

【识别要点】秆高 6～12 m，节间无毛，秆壁节处稍鼓起，尾梢略弯，下部挺直，节间长 30～40 cm，幼时薄被白蜡粉，箨鞘早落，革质，两侧箨耳极不相等，形状各异，大小不同，质极脆，略皱，边缘被波曲状细刚毛，大耳极下延，叶片披针形至窄披针形。

【习性、分布、用途】适生性强，主产于华南，栽于房前屋后，可制农具。

图 5-66-4 大眼竹

A. 植株 B. 秆基部 C. 秆上部 D. 枝叶

2. 粉单竹 *Bambusa chungii*

【识别要点】秆高可达 10 m，直立，顶梢弯曲，节间具明显白粉，壁厚而韧，次生枝在主枝基部上发生，叶片 7 片，细长披针形。秆成熟后密被白粉，节间极长，秆环平，箨环隆起，密生倒垂棕色刺毛，箨耳小，向后反曲。

【习性、分布、用途】喜温暖湿润气候、肥沃疏松土壤，适生性强，对土壤要求不严，我国南方有分布。为优良的观赏及篾用材。分株繁殖，竹秆分枝高，节间长，被明显的白粉，株形亭亭玉立，姿态优美，适于河岸、湖边及草地中丛植。

图 5-66-5 粉单竹

A. 植株 B. 节与节间 C. 秆中部 D. 丛生秆

3. 青皮竹（广宁竹）*Bambusa textilis*

【识别要点】高可达 10 m，分枝高，节间长，秆梢稍下弯，初时有白粉，后渐脱落，秆上有刚毛，脱落后留有凹槽，秆环平，箨环倾斜，箨叶基部与箨鞘顶部近等大，箨鞘直立。

【习性、分布、用途】适生于山间田野，喜湿润环境，我国分布广泛，供观赏和材用。

4. 黄金间碧竹 *Bambusa vulgaris*

【识别要点】乔木型大型丛生竹。秆直立，高 6～15 m，直径 4～6 cm，节间圆柱形，鲜黄色间以绿色的纵条纹，长 20～25 cm。箨片直立。

【习性、分布、用途】适生于海拔 300～800 m 的林内，喜阴湿环境，我国主产于华南，作观赏竹。

图 5-66-6 青皮竹

A. 植株 B. 秆

图 5-66-7 黄金间碧竹

A. 植株 B. 节与节间 C. 秆箨 D. 秆与枝叶

5. 小琴丝（花孝顺竹）*Bambusa multiplex*

【识别要点】丛生竹。秆高 2～8 m，径 1～4 cm，新秆浅红色，老秆金黄色，并不规则间有绿色纵条纹。

【习性、分布、用途】喜光，分布于长江以南各省，作观赏、绿篱等。

图 5-66-8 小琴丝

A. 植株 B. 节与节间 C. 秆与秆箨 D. 绿篱

6. 观音竹（凤尾竹）*Bambusa multiplex*

【识别要点】灌木状，秆中空，小枝稍下弯，下部挺直，绿色；秆壁稍薄；节处稍隆起，无毛；叶鞘无毛，纵肋稍隆起，背部具脊；叶耳肾形，边缘具波曲状细长繸毛；叶舌圆拱形，叶片线形，上表面无毛，下表面粉绿而密被短柔毛。

【习性、分布、用途】喜光，原产于中国，华东、华南、西南以至台湾、香港均有栽培。该种观赏价值较高，宜作庭园丛栽，也可作盆景植物。

图 5-66-9 观音竹

A. 植株 B. 节与节间 C. 绿篱 D. 枝叶

7. 佛肚竹 *Bambusa ventricosa*

【识别要点】丛生灌木状，高 3～5 m，秆节间极短，中间膨大，每节两环明显膨大，节间形如佛肚而得名。

【习性、分布、用途】喜光，我国各地均有盆栽或作山水盆景。

图 5-66-10 佛肚竹

A. 植株 B. 节与节间 C. 秆箨

8. 毛竹 *Phyllostachys heterocycla*

【识别要点】常绿乔木，单轴散生型，高可达 20 m，粗可达 20 cm，秆壁厚约 1 cm；秆环不明显，叶舌隆起；叶片小，较薄，披针形，下面沿中脉有柔毛。颖果长椭圆形，顶端有宿存的花柱基部。4 月笋期，5—8 月开花。

【习性、分布、用途】喜温湿环境，中国栽培悠久、面积最广、经济价值也最重要的竹种。宜供建筑、编织各种粗细的用具及工艺品。笋味美，鲜食或加工制成笋干等。四季常青，秀丽挺拔，经霜不凋，雅俗共赏。自古以来常置于庭园曲径、池畔、溪涧、山坡、石迹、天井、景门以及室内盆栽观赏。

图 5-66-11　毛竹

A. 植株　B. 秆

参 考 文 献

[1] 华南植物研究所. 广东植物志. 1-7 卷. 广州：广东科技出版社，1990-2005.
[2] 广西植物研究所. 广西植物志. 1-2 卷. 南宁：广西科学技术出版社，1991-2005.
[3] 方彦，何国生. 园林植物. 北京：高等教育出版社，2005.
[4] 芦建国，杨艳荣. 园林花卉. 北京：中国林业出版社，2006.
[5] 庄雪影. 园林树木学. 广州：华南理工大学出版社，2006.
[6] 邢福武. 广州野生植物. 贵阳：贵州科技出版社，2007.
[7] 庄雪影. 园林植物识别与应用实习教程. 北京：中国林业出版社，2009.
[8] 何国生. 森林植物. 北京：中国林业出版社，2012.
[9] 向民，黄安. 园林植物识别. 北京：高等教育出版社，2013.